应用型本科化学化工系列丛书

普通高等教育"十二五"规划教材

化工原理实验

顾静芳　陈桂娥　主编

化学工业出版社
·北京·

本书以化工原理实验自编讲义为基础，结合实验设备和多年实验教学经验编写而成。考虑到教学内容的完整性，除了化工原理实验的基础知识外，还对实验所需掌握的化工过程安全知识、常用的测量仪器仪表、管件、阀门、实验数据处理软件等进行了介绍，并列出了实验可能所需的各类物性数据，是一本较全面的化工原理实验用书。

本书可作为高等院校化工原理实验课的教材，适用于化学工程、应用化学、生物工程、食品工程、环境工程、材料工程、造纸、冶金等相关专业，也可供化工行业从事科研、设计与生产的技术人员参考阅读。

图书在版编目（CIP）数据

化工原理实验/顾静芳，陈桂娥主编．—北京：化学工业出版社，2014.11（2024.8重印）
应用型本科化学化工系列丛书
普通高等教育"十二五"规划教材
ISBN 978-7-122-21992-3

Ⅰ.①化… Ⅱ.①顾…②陈… Ⅲ.①化工原理-实验 Ⅳ.①TQ02-33

中国版本图书馆CIP数据核字（2014）第231724号

责任编辑：刘俊之　　　　　　　　　　　　　文字编辑：颜克俭
责任校对：吴　静　　　　　　　　　　　　　装帧设计：刘丽华

出版发行：化学工业出版社（北京市东城区青年湖南街13号　邮政编码100011）
印　　装：北京科印技术咨询服务有限公司数码印刷分部
787mm×1092mm　1/16　印张9½　字数237千字　2024年8月北京第1版第4次印刷

购书咨询：010-64518888　　　　　　　　　　售后服务：010-64518899
网　　址：http://www.cip.com.cn
凡购买本书，如有缺损质量问题，本社销售中心负责调换。

定　　价：25.00元　　　　　　　　　　　　　　　　　　　　　版权所有　违者必究

前　言

21世纪是科学技术高度发达的时代，也是知识经济蓬勃发展的时代。世界范围的经济竞争、综合国力竞争，实质上就是科学技术的竞争和民族素质的竞争，更确切地说是人才的竞争。要想在激烈的国际竞争中获得成功，就必须占领人才培养的制高点，从这个意义上说谁在21世纪的教育中处于领先地位，谁就能在未来的国际竞争中处于战略主导地位。

化工原理实验作为化工类专业的一门基础实验课，其教学水平和教学质量关乎化学工程与技术学科教育水准，它和工程实际密切相关，在专业人才培养方面有着非常重要的作用。

本书在关注学科最新发展动态、结合科研的基础上，对化工原理实验的基础知识进行了深入浅出的讲解，对化工实验常用测量仪器仪表、常用管件和阀门以及化工原理实验数据的处理软件进行了详细的论述，摘录了化工原理实验可能用到的物性数据，并着重介绍了实验部分和仿真实验部分，着力突出培养学生的工程能力；为了适应化工原理实验教学内容、方法、手段的改革要求而编写，书中内容基本涵盖了化工原理实验教学所涉内容。

本书可作为高等院校化工原理实验课的教材，适用于化学工程、应用化学、生物工程、食品工程、环境工程、材料工程、造纸、冶金等相关专业。对于在化工行业从事科研、设计与生产的技术人员，也具有很高的参考价值。

本书由顾静芳、陈桂娥执笔主编，本教研室老师参加了编写讲义的讨论，并提出许多宝贵意见。在此，对本书在编写过程中给予热心帮助和支持的老师，编者表示衷心的感谢。

本书的编写参考了国内出版的多个版本的《化工原理实验》教学用书，在此对作者表示感谢和敬意。由于编者水平有限，对于书中可能存在的不当之处，恳请读者批评指正，以便今后修订改进。

编者

2014年8月

目 录

1 化工原理实验基础知识 …………… 1
  1.1 学生实验守则 ………………… 1
  1.2 化工原理实验的教学目的 …… 2
  1.3 化工原理实验的教学要求 …… 2
  1.4 化工原理实验安全知识 ……… 5
2 实验数据误差与处理 ……………… 8
  2.1 有效数字与运算规律 ………… 8
  2.2 实验数据的误差分析 ………… 8
  2.3 实验数据处理 ………………… 10
3 化工实验常用测量仪器仪表 ……… 19
  3.1 概述 …………………………… 19
  3.2 流体压强（差）的测量 ……… 19
  3.3 流体流量的测量 ……………… 25
  3.4 流体温度的测量方法 ………… 30
  3.5 液体比重天平（韦氏天平）使用说明 ………………………… 34
  3.6 液体密度计（比重计）使用说明 ………………………… 35
  3.7 UV751GD 紫外可见分光光度计使用方法 ………………… 36
  3.8 智能仪表屏的操作方法简介 … 38
4 化工实验常用的管件和阀门 ……… 40
  4.1 化工实验常用管件 …………… 40
  4.2 化工实验常用阀门 …………… 41
5 化工原理实验数据处理软件使用介绍 ……………………………… 46
  5.1 学生使用方法介绍 …………… 46
  5.2 教师（管理员）使用方法介绍 … 51
6 实验部分 …………………………… 57
  6.1 雷诺实验 ……………………… 57
  6.2 流体机械能转换实验 ………… 60
  6.3 流体流动阻力的测定 ………… 64
  6.4 离心泵特性曲线测定 ………… 69
  6.5 过滤实验 ……………………… 74
  6.6 蒸气对空气间壁加热时传热系数的测定 ……………………… 80
  6.7 填料吸收塔吸收总传质系数的测定 … 85
  6.8 精馏实验 ……………………… 91
  6.9 干燥特性曲线测定实验 ……… 96
  6.10 板式塔流体力学性能实验 …… 100
  6.11 填料塔流体力学性能测定 …… 105
  6.12 液-液转盘萃取 ……………… 108
  6.13 固体流态化实验 ……………… 113
  6.14 超滤膜浓缩表面活性剂实验 … 116
7 仿真实验部分 ……………………… 121
  7.1 流体流动阻力的测定仿真实验 … 121
  7.2 离心泵特性曲线测定仿真实验 … 123
  7.3 恒压过滤仿真实验 …………… 125
  7.4 气汽传热仿真实验 …………… 126
  7.5 水汽传热仿真实验 …………… 128
  7.6 填料吸收塔吸收总传质系数的测定仿真实验 ………………… 129
  7.7 筛板精馏仿真实验 …………… 131
  7.8 填料精馏仿真实验 …………… 133
  7.9 转盘萃取仿真实验 …………… 135
  7.10 洞道干燥仿真实验 …………… 137
  7.11 固体流态化仿真实验 ………… 139
8 化工原理实验常用数据表 ………… 141
  8.1 水的物理性质 ………………… 141
  8.2 空气的物理性质 ……………… 142
  8.3 饱和水蒸气的性质 …………… 142
  8.4 乙醇-水溶液的相关性质 …… 143
参考文献 …………………………… 148

1 化工原理实验基础知识

1.1 学生实验守则

（1）实验人员应端正实验态度，明确实验目的，认真参加实验，须认识到实验是理论联系实际、巩固课堂理论、提高动手能力的重要环节。

（2）实验人员着装应注意紧身，夏季不得穿拖鞋进入实验室，且尽量减少身体的裸露部位，冬季不戴围巾等易飘起垂荡的衣物，女生长发需束起扎紧，书包等物品应放在指定位置。

（3）实验人员应按规定时间进入实验室，不得无故缺席，如有特殊情况须事先向指导老师请假并提交书面请假条。进入实验室后，要认真严肃，不得喧哗玩笑，更不准打闹，要注意清洁卫生，不得抽烟、玩打火机等使用明火，不得吃东西、随地吐痰和乱扔杂物，未经允许不准随便离开实验室。

（4）实验人员实验前应仔细阅读实验讲义，了解实验的目的、方法、操作和注意事项，并写好实验预习报告，做好实验前一切准备，以保证实验任务的顺利完成。学生只有经过充分的准备方能参加实验，教师可在实验前提问，没有经过准备的同学不准参加当天实验。

（5）实验人员对实验的仪器设备，要明确原理、弄清流程后才能使用。非本次实验的其他仪器设备，一律不准随便动用，以免损坏或发生意外。

（6）实验人员应注意节约水、电、蒸气及化学药品物资，爱护仪器设备。

（7）因责任事故而损失物资、损坏仪器，按照学校有关规定根据情节轻重及本人对错误的认识程度，分别给予教育、经济赔偿或纪律处分。

（8）注意安全及防火，开动电机前，应检查设备、管道上各个阀门的开、闭状态是否合乎流程要求，应观察泵、风机、电机及其运转部件附近是否有人在工作，以上两点皆合乎要求后才可合上电闸。合上电闸时，应慎防触电，并注意电机有无异声、能否正确转动。精馏塔近旁不得使用明火。使用蒸气操作时应戴防护手套循序渐进开启阀门，以免压力过大发生泄漏导致事故。

（9）仪器使用前须注意：①掌握电气仪表的线路连接方法和操作步骤；②看清量程范围，掌握正确的读数方法；③接通电源前须经指导教师检查。

（10）学生分组进行实验，不得串组，组员间必须分工协助、认真操作、认真观察和记录数据，既要严守自己岗位，又要关心整个实验的进行，集中精力，争取按时完成规定的实验。

（11）实验结束，记录数据须经教师审查签字，应将使用的仪器设备复原，将场地打扫干净，方可离开实验室。

（12）切记实验室安全不仅关系到实验者的生命和教学财产安全，还和他人的安全息息相关，人人都应遵守安全规则，禁止违反安全规则的一切行为。

1.2　化工原理实验的教学目的

化工原理实验是化工类知识教学体系中的重要组成部分，是以化工原理的理论为基础的一门工程实验课程，具有显著的工程特点。不同于基础化学实验，工程实验面对的是复杂的实际问题和工程问题，所以实验研究的方法也必然不同。通过化工原理实验，不仅使学生加深对化工原理理论知识的理解，更重要的在于对学生进行实验方法、实验技能的基本训练，培养学生独立组织实验、完成实验的能力，提高学生综合运用理论知识分析和解决实际问题的能力，使学生建立起一定的工程概念。这种能力的培养和工程概念的树立是课堂教学等理论学习无法替代的，通过化工原理实验应达到如下目的。

（1）验证化工过程的基本理论，并运用理论分析实验过程，使理论知识得到进一步的理解和巩固。

（2）熟悉实验装置的流程，认识一些典型化工单元操作设备的基本结构，掌握其工作原理和操作方法，掌握化工中常用仪表的使用方法。

（3）掌握化工数据的基本测量技术，例如操作参数（压强、流量、温度等）、过程参数（摩擦阻力系数、传热系数等）和设备特性参数（泵特性曲线）的测定方法。

（4）增强工程概念，掌握实验的研究方法，培养学生设计实验、组织实验的能力，以及综合运用理论知识分析、解决实验中的各种问题的能力。

（5）提高数据处理和分析讨论问题的能力，学会完整地撰写工程实验报告。

（6）培养学生具备严肃认真的学习态度和实事求是的科学态度。

1.3　化工原理实验的教学要求

化工原理实验应包括实验预习、实验操作、实验数据测定记录和数据整理、实验报告编写等步骤。化工原理实验是理工科类学生第一次接触到用工程装置进行实验，学生往往感到陌生，又由于化工原理实验是几人一组，为保证实验的教学效果，对实验过程中各个步骤提出如下说明和要求。

1.3.1　实验预习的要求

（1）认真阅读实验指导书，明确本次实验的内容和要求。

（2）根据本次实验的具体任务，研究并掌握实验的理论依据，设计、组织实验并和实验指导书对照，分析实验应测取哪些数据，并估计这些数据的变化规律。

（3）结合实验多媒体仿真软件进行计算机模拟实验及相关实验素材的多媒体演示。

（4）预先写好实验预习报告。预习报告内容包括实验目的、实验原理、实验装置及流程说明、实验操作步骤及注意事项、实验原始数据记录表等。

（5）提前到实验室现场，结合实验指导书仔细了解摸索实验流程、主设备的构造、仪表的安装部位、测量原理和使用方法。根据实验任务和现场勘察，进一步明确实验方案和操作步骤。

1.3.2　实验操作的要求

化工原理实验一般由3～4人为一组，因此实验开始前小组成员应根据分工的不同明确要求,实验操作时要求小组成员各司其职(包括操作、读取数据、记录数据等),而且在适当的时候轮换岗位,这样既能保证质量,又能获得全面的训练。

(1) 实验设备启动前必须检查、调整设备进入启动状态,然后再进行送电、通水或气等启动操作。如泵、风机、压缩机、真空泵等转动的设备,启动前先盘车检查能否正常转动;检查设备、管道上各个阀门的开、关状态是否符合流程要求;掌握仪表的正确使用方法。

(2) 实验操作是动手动脑的重要过程,一定要严格按照操作规程进行,并且安排好测量范围、测量点数目、测量点的疏密等。操作过程中设备及仪表有异常情况,应立即按停车步骤停车并报告指导教师,同时应自己分析原因供指导教师参考,对问题的处理应了解其全过程,这是分析问题和处理问题的极好机会。

(3) 实验操作时应该全神贯注、认真操作,记录实验数据和实验现象,并对实验数据和现象的合理性进行判别,发现问题应及时处理或报告实验指导老师,不要轻易放过。

(4) 实验操作结束时应先后将有关气源、水源、热源、测试仪表的连通阀门以及电源关闭,然后切断主设备电源,调整各阀门应处的开或关位置状态。

(5) 将读取的实验数据输入计算机用软件进行处理,检验实验是否正确,如果有错即重做实验。

1.3.3 实验数据测定、记录的要求

(1) 确定要测定哪些实验数据 凡是影响实验结果或是整理数据时必需的参数都应测取,包括大气条件、设备有关几何尺寸、流体物理性质、操作条件等数据。凡可以根据某一数据导出或从手册中查得就不必直接测定,例如水的密度、黏度、定压比热容等物理性质,一般只要测出水温后即可从资料手册中查出,因此不必直接测定这些性质,只需测定水的温度就可以了。原始数据的测量应齐全,不得遗漏。

(2) 实验数据的读取及记录 实验数据的记录应仔细认真、整齐清楚。学生应注意培养自己严谨的科学作风,养成良好的习惯。

① 根据实验目的要求,在实验前做好数据记录表格,在表格中应记下各项物理量的名称、表示符号及单位。

② 实验时待现象稳定后才可以开始读取数据,操作条件改变后,也要稳定一定时间后读取数据,以排除因仪表滞后现象而导致读数不准的情况。实验过程中如何判别现象是否已达稳定?一般是经两次测定其读数相同或十分接近。

③ 同一操作条件下,不同参数应数人同时读取,若操作者同时兼读几个数据时,应尽可能动作敏捷。

④ 每个数据记录后,应该立即复核,看看是否合理,以免发生读错或写错数据。如不合理应查找原因,是现象反常还是读错了数据,同时在记录上注明。某操作条件下只有数据初步合理时才能变更条件做下一实验点。

⑤ 记录数据应直接读取原始数据,不要经过计算后再记录。如测量 U 形压差计指示剂液柱的两端高度差,应分别读取左右两侧指示剂液柱的高度并记录,不应读取或记录两侧液柱的差值。

⑥ 数据记录必须反映仪表的精度,一般要记录到仪表最小分度以下一位数,这下一位数为估计值。如水银温度表最小分度为 $0.1℃$,若水银柱恰指 $22.4℃$ 时,应记为 $22.40℃$。注意过于多取估计值的位数是无意义的。

⑦ 实验过程中，由于实验环境或电子仪表的不稳定，常碰到有些参数在读数过程中出现波动的情况。若有此情况发生，首先应设法减小其波动，在波动不能完全消除的情况下，可取一次波动的最高点与最低点两个数据，然后取平均值，在波动不很大时可取一次波动的高低点之间的估计中间值。

⑧ 实验中如果出现不正常情况以及数据有明显误差时，应在备注栏中加以注明，不得随意舍弃数据。

⑨ 记录完毕要仔细检查一遍，有无漏记或记错之处，特别要注意仪表上的计量单位。实验完毕整理好原始数据，将原始数据记录表交指导老师检查并签字，认为准确无误后方可结束实验。

1.3.4 实验数据整理及处理的要求

（1）原始数据只可进行整理，绝不可修改。经判断确系过失误差所造成的不正确数据可以注明后不计入结果。

（2）同一实验点的几个有波动的数据可先取其平均值，然后进行整理。

（3）采用列表法整理数据清晰明了，便于比较。在表格之后应附详细的计算示例，以说明各项之间的关系。

（4）运算中尽可能利用常数归纳法（即转化因子），减少不必要的烦琐计算。

（5）实验结果尽可能用列表、绘制曲线、图形或回归方程式的形式表达。采用列表法整理数据简洁明了，便于比较；绘制曲线、图形实现数据的可视化，便于观察变量的变化趋势；回归方程可定量描述变量之间的关系。

1.3.5 实验报告的书写要求

实验报告是对实验工作进行的全面总结，是技术部门对实验结果进行评估的文字材料。实验报告的编写必须简单扼要，数据完整，交待清楚，结论正确，有讨论、有分析，得出的公式或曲线图形有明确的使用条件。编写实验报告的能力也需要经过严格训练，通过书写实验报告，培养学生处理、分析、归纳数据和解决实际问题的能力，为今后写好研究报告和科学论文打下基础，因此要求学生各自以严格的科学态度独立完成这项工作。实验报告的内容和格式，参考如下。

（1）实验名称

（2）实验目的　简明扼要说明本实验要达到的学习要求或主要要解决的问题。

（3）实验原理　简要说明实验所依据的基本原理，包括实验的基本概念、主要定律以及主要公式等。

（4）实验装置及流程说明　画出实验装置的流程示意，标出主要设备、测量仪表以及阀件名称，并进行流程说明。

（5）实验步骤　根据实际操作程序，按先后顺序写出实验步骤。

（6）实验原始数据记录及数据处理　此部分为实验报告重点之一。原始数据是在实验中直接从测量仪表读取的数据，以表格形式列出，并以表格形式列出主要的实验结果数据，对于设备几何尺寸等公共数据可单独列出于表格之上。本实验报告内容中还应在表格之后写出数据处理过程的示例，要求以某一组原始数据出发，详细列出计算过程直至得到数据处理表中的最终结果，要求引用的数据要说明来源，简化公式要有导出过程。

（7）实验结果及分析讨论　此部分为实验报告另一重点，也是实验报告中的点睛之笔，可帮助学生在实验后由感性到理性的飞跃。本部分内容要求学生把上述得到的实验结果数据整理成图和数学方程式的形式，逐条列出实验结论，做到结论中肯、层次清晰，若所得结果与现有理论有出入，应分析误差的大小和可能的原因，并对实验设计和操作提出改进意见。

上述实验报告内容中，第一项实验名称应居中书写，第二至七项顶格书写，然后换行书写其中的具体内容。

报告中出现的公式应居中书写并编号，编号用圆括号括起放在公式右边行末，公式和编号间不加虚线。

报告中的表格应有自己的表序和表题，表序和表题应写在表格上放正中。

报告中的插图也应有图序和图题，图序和图题放在图位下方居中处。

此外，对报告中出现的符号也应有相应的文字说明。

1.4　化工原理实验安全知识

化工原理实验的安全应当是实验教学中最受重视的问题。化工原理实验与前设基础化学实验课程不同，它是一门实践性很强的基础课程，每一个实验相当于一个小型单元生产流程，电器、仪表和机械传动设备等组合为一体，而且在实验过程不免要接触具有易燃、易爆、有腐蚀性和毒性或放射性等的物质，同时还会遇到在高压、高温或低温、高真空条件下操作。此外，还要涉及用电和仪表操作等方面的问题，故要想有效地达到实验目的就必须掌握一定的安全知识。

1.4.1　使用化学药品和气体的安全知识

化工原理实验所接触的化学药品虽不如基础化学实验多，但在使用化学药品之前要了解该药品的性能，如毒性、易燃性和易爆性等，并弄清使用方法。

在化工原理实验中，往往被人们所忽视的毒物是压差计中的汞，汞的毒性大，而且是积累性毒物，进入人体后不易排出，如果汞冲洒出来没有及时处理掉，实验者每天呼吸入少量的汞蒸气和汞尘埃，日久就会中毒，所以对洒出的汞一定要认真并尽可能地将其收集起来，实在无法收集的也要用硫黄或氯化铁溶液覆盖，不要扫帚一扫了之或随便排入地沟，擦过汞的滤纸或布块必须放在有水的陶瓷缸内，统一处理。

对有毒或易燃、易爆气体的系统一定要达到严密不漏，并注意室内通风。

1.4.2　使用高压钢瓶的安全知识

化工实验中所用的气体种类较多，一类是具有刺激性的气体，如氨，这类气体的泄漏一般容易被发觉。另一类是无色无味，但有毒性或易燃、易爆的气体，如氢，室温下在空气中的爆炸范围为4%～75.2%（体积）。因此使用有毒或易燃、易爆气体时，系统一定要达到严密不漏，尾气要导出室外，并注意室内通风。

高压钢瓶是一种贮存各种压缩气体或液化气体的高压容器，钢瓶容积一般为40～60L。气体钢瓶是由碳素钢或合金钢制成的，适用于装入介质压力在15MPa以下的气体。气瓶主要由筒体和瓶阀构成，其他附件还有保护瓶阀的安全帽、开启瓶阀的手轮、在运输过程中防止震动的橡胶圈。另外，高压钢瓶在使用时瓶阀出口还要连接减压阀和压力表。

标准高压气瓶是按国家标准制造的，并经有关部门严格检验方可使用。各种气瓶在使用过程中，还必须定期送有关部门进行水压试验。经过检验合格的气瓶，在瓶肩上用钢印打上下列资料：制造厂家、制造日期、气瓶型号和编号、气瓶质量、气瓶容积、工作压力、水压试验压力、水压试验日期和下次试验日期。

各类气瓶的表面都应涂上一定颜色的油漆，其目的不仅是为了防锈，主要是能从颜色上迅速辨别钢瓶中所贮存气体的种类，以免混淆。

使用气体的主要危险是气瓶可能爆炸和漏气，已充气的气瓶爆炸的主要原因是气体受热膨胀，压力超过气瓶的最大负荷；或是瓶颈螺纹损坏，当内部压力升高时，气体冲脱瓶颈，在这种情况下气瓶会向放出气体的相反方向高速飞行。另外，如果气瓶坠落或撞击坚硬物时就会发生爆炸，均可造成很大的破坏和伤亡事故，使用时须注意。

(1) 钢瓶应存放在阴凉、干燥、远离热源（如阳光、炉火等）的地方。高压钢瓶不能受日光直晒或靠近热源，以免瓶内气体受热膨胀而引起钢瓶爆炸。

(2) 应尽可能避免可燃性气体钢瓶和氧气钢瓶在同一房间使用（如氢气钢瓶和氧气钢瓶），以防止因为两种钢瓶同时漏气而引起着火和爆炸。

(3) 按规定远离明火，可燃性气体钢瓶与明火距离须在 10m 以上。

(4) 搬运气瓶时要轻放，要把瓶帽旋上，橡胶防震圈要牢固。钢瓶使用时必须牢固地靠定墙壁或实验台旁。

(5) 使用前必须安装减压阀及气表，各种气表不得混用。一般可燃性气体的钢瓶气门螺纹是反扣的（如 H_2），不燃性或助燃性气体的钢瓶气门螺纹是正扣的（如 N_2、O_2）。使用钢瓶时必须连接减压阀或高压调节阀，不经这些部件而让系统直接与钢瓶连接是十分危险的。

(6) 绝不允许其他易燃有机物黏附在气瓶上，也不可用麻、棉等物堵漏，以防燃烧。

(7) 开钢瓶阀门及调压时，人不要站在气体出口的前方，头不要在瓶口之上，而应在钢瓶侧面，以防钢瓶的总阀门或气压表冲出伤人。

(8) 当钢瓶使用到瓶内压力为 0.5MPa 时，应停止使用，压力过低会给充气带来不安全因素，当钢瓶内压力与外界压力相同时，会造成空气的进入。

(9) 用气时应注意气瓶颜色（常用气体气瓶的颜色是规定的），不要用错。

(10) 瓶阀发生故障时，不要擅自拆卸瓶阀或瓶阀上的零件。气瓶必须严格按期检验。

1.4.3 防火安全知识

(1) 所有人员不准在实验室吸烟，不准携带引火物入实验室；实验使用的药品不随意乱倒，应集中回收处理；剩余的易燃药品必须保管好，不得随意乱放。

(2) 化工原理实验室火灾的隐患除了易燃化学药品外，还有电器设备和电路等，因此，实验前要检查电器设备的安全情况。

(3) 用电进行高温加热的实验，操作过程中必须有人坚守操作岗位，以防发生意外火灾。

(4) 实验中若发现不正常的异味及不正常响声应及时对正使用的仪器、设备及实验过程和周围环境进行检查，发现问题及时处理。

(5) 熟悉消防器材的使用方法，一旦发生火情，应冷静判断并采取有效措施灭火。

(6) 电气设备或带电系统着火，应用四氯化碳灭火器灭火，但不能用水或二氧化碳泡沫灭火。因为后者导电，这样会造成扑火人触电事故。使用时要站在上风侧，以防四氯化碳中毒。室内灭火后应打开门窗通风。

(7) 易燃液体（密度小于水）如汽油、苯、丙酮等着火，应该用泡沫灭火剂来灭火，因为泡沫比易燃液体的密度小且比空气的密度大，可覆盖在液体上面隔绝空气。

（8）其他地方着火，可用水来灭火。

1.4.4 实验用电安全知识

（1）实验之前，必须了解室内总电闸与分电闸的位置，便于出现用电事故时及时切断电源。

（2）接触或操作电气设备时，手必须干燥。所有的电气设备在带电时不能用湿布擦拭，更不能有水落于其上。不能用试电笔去试高压电。

（3）电气设备维修时必须停电作业。如接保险丝时，一定要先拉下电闸后再进行操作。

（4）为启动电动机，合闸前先用手转动一下电动机的轴，合上电闸后，立即查看电动机是否已转动；若不转动，应立即拉闸，否则电动机很容易被烧毁。若电源开关是三相刀闸，合闸时一定要快速地猛合到底，否则易发生"跑单相"，即三相中有一相实际上未接通，这样电动机极易被烧毁。

（5）电源或电气设备上的保护熔断丝或保险管都应按规定电流标准使用，不能任意加大，更不允许用铜丝或铝丝代替。

（6）若用电设备是电热器，在通电之前，一定要搞清楚进行电加热所需要的前提条件是否已经具备。比如在精馏塔实验中，在接通塔釜电加热器之前，必须搞清釜内液面是否符合要求，塔顶冷凝器的冷却水是否已经打开。干燥实验中，在接通空气预热器的电热器之前，必须先打开空气鼓风机，之后才能给预热器通电。另外电热设备不能直接放在木制实验台上使用，必须垫隔热材料，以防引起火灾。

（7）所有电气设备的金属外壳应接地线，并定期检查是否连接良好。

（8）导线的接头应紧密牢固，裸露的部分必须用绝缘胶布包好，或者用塑料绝缘管套好。

（9）在电源开关与用电器之间若设有电压调节器或电流调节器（其作用是调节用电设备的用电情况），这种情况下，在接通电源开关之前，一定要先检查电压调节器或电流调节器当前所处的状态，并将它置于"零位"状态。否则，在接通电源开关时，用电设备会在较大功率下运行，有可能造成用电设备被损坏。

（10）在实验过程中，如果发生停电现象，必须切断电闸，以防操作人员离开现场后，因突然供电而导致电气设备在无人监视下运行。

2 实验数据误差与处理

通过实验测得原始数据后需要进行计算，并将最终的实验结果归纳成经验公式或以图表的形式表示，以便与理论结果比较分析。因此由实验获取的数据必须经过正确的分析和处理，只有正确的结论才能经得起检验。下面介绍这方面的基本知识。

2.1 有效数字与运算规律

2.1.1 有效数字

在测量和实验中，我们经常遇到两类数字：一类是无单位的数字，例如圆周率 π 等，其有效数字位数可多可少，根据我们的需要来确定有效数字；另一类是表示测量结果有单位的数字，例如温度、压强、流量等，这类数字不仅有单位，而且它们的最后一位数字往往是由仪表的精度而估计的数字，例如精度为 1/10℃ 的温度计，读得 21.75℃，其最后一位是估计的，所以记录或测量数据时通常以仪表最小刻度后保留一位有效数字。

在科学与工程中为了能清楚地表示数值的准确度与精度和方便运算，在第一个有效数字后加小数点，而数值的数量级则用 10 的幂表示，这种用 10 的幂来记数的方法称为科学记数法。例如：185.2mmHg，可记为 1.852×10^2mmHg。

2.1.2 有效数字的运算规律

(1) 在加减运算中，各数所保留的小数点后的位数应与其中小数点的位数最少的相同，例如：12.56+0.082+1.832＝14.47。

(2) 在乘除运算中，各数所保留的位数以有效数字最少的为准，例如将 0.0135、17.53、2.45824 三数相乘应写成 $0.0135\times17.5\times2.46=0.581$。

(3) 乘方及开方运算的结果比原数据多保留一位有效数字，例如：$12^2=144$，$\sqrt{5.6}=2.37$。

(4) 对数运算，取对数前后的有效数字相等，例如：lg2.584＝0.4123，lg2.5847＝0.41241。

2.2 实验数据的误差分析

测得的实验值与真值之差值称为测定值的误差，测定误差的估算与分析对实验结果的准确性具有重要的意义。

2.2.1 真值与平均值

任何一个被测量的物理量总存在一定的客观真实值，即真值，由于测量的仪器、方法等引起的误差，真值一般不能直接测得，若在实验中测量无限多次时，根据误差分布定律，正负误差出现的概率相等，将各个测量值相加并加以平均，在无系统误差的情况下，可能获得近似于真值的数值，因此实验科学给真值定义为无限多次的测量平均值称为真值。但实际测量的次数是有限的，故用有限测量次数求出的平均值，只能是近似真值，称最佳值。在实验测量中使用高精度级标准仪器所测得的值代替真值。常用的平均值有下列几种。

(1) 算术平均值

$$\bar{x} = \frac{x_1 + x_2 + \cdots + x_n}{n} = \frac{1}{n}\sum_{i=1}^{n} x_i \tag{2-1}$$

(2) 几何平均值

$$\bar{x}_{\text{几}} = \sqrt[n]{x_1 \cdot x_2 \cdot \cdots \cdot x_n} \tag{2-2}$$

(3) 均方根平均值

$$\bar{x}_{\text{均}} = \sqrt{\frac{x_1^2 + x_2^2 + \cdots + x_n^2}{n}} = \sqrt{\frac{1}{n}\sum_{i=1}^{n} x_i^2} \tag{2-3}$$

(4) 对数平均值

$$\bar{x}_{\text{对}} = \frac{x_1 - x_2}{\ln \frac{x_1}{x_2}} \tag{2-4}$$

各式中　x_1、x_2、$\cdots$、x_i——各次测量值；
　　　　n——测量的次数。

2.2.2　误差的表示方法

(1) 绝对误差 Δx　某测量值与真值之差称绝对误差，在实际的测量中常以最佳值代替真值，其表达式为：

$$\Delta x = x_i - x \approx x_i - \bar{x} \tag{2-5}$$

式中　Δx——绝对误差；
　　　x_i——第 i 次测量值；
　　　x——真值；
　　　$\bar{x}$——平均值。

(2) 相对误差 δ　绝对误差与真值之比称为相对误差，即：

$$\delta = \frac{\Delta x}{x} \tag{2-6}$$

(3) 引用误差　仪表量程内最大示值误差与满量程示值之比的百分数称为引用误差，即：

$$\text{引用误差} = \frac{\text{最大示值误差}}{\text{满量程示值(满刻度值)}} \times 100\% \tag{2-7}$$

引用误差常用于表示仪表的精度，按引用误差的大小分成几个等级，把引用误差的百分数去掉剩下的数值就称为仪表的精度等级。测量仪表的精度等级是由国家统一规定的。电工仪表的精度等级分别有：0.1，0.2，0.5，1.0，1.5，2.5 和 5.0 七级。

例如某压力表注明精确度为 1.5 级，即表明该仪表最大误差为相当档次最大量程的 1.5%，若最大量程为 0.4MPa，该压力表最大误差为 $0.4 \times 1.5\%$ MPa $= 0.006$ MPa $= 6 \times 10^3$ Pa。

2.2.3　误差的性质及其分类

根据误差的性质和产生的原因，一般分为 3 类。

(1) 系统误差 在一定的条件下，对同一量进行多次测量时，误差的数值始终保持不变，或按某一规律变化出现的误差，称为系统误差。例如：使用刻度不准、零点未校准的测量仪器；实验状态、环境的改变，如外界的温度、压力、湿度的变化；实验操作人员的习惯与偏向等因素都会引起系统误差。这类误差往往在同一物理量的测定中其大小和符号基本不变或有一定的规律，经过精确的校正可以消除。

(2) 随机误差（偶然误差） 在相同条件下，测量同一物理量时误差的绝对值时大时小，符号时正时负，没有一定的规律且无法预测，但这种误差完全服从统计规律，对于同一物理量作多次的测量，随着测量次数的增加，随机误差的算术平均值趋近于零，因此多次测量的算术平均值将接近于真值。

(3) 过失误差 由于操作错误或人为失误所产生的误差，这类误差往往表现为与正常值相差很大，在数据整理时应予以剔除。

2.2.4 实验数据的精确度

精确度（又称准确度）与误差的概念是相辅相成的，精确度高误差就小，误差大精确度就低，它反映系统误差和随机误差综合大小的程度。

测量中所得到的数据重复性的大小称为精密度，它反应了随机误差的大小。

以打靶为例。图 2-1(a) 表示弹着点密集而离靶心（真值）甚远，说明精密度高，随机误差小，但系统误差大；图 2-1(b) 表示精密度低而精确度较高，即随机误差大，但系统误差较小；图 2-1(c) 的系统误差与随机误差均小，精确度均高。

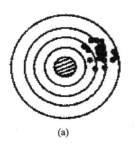 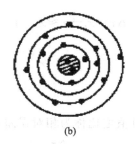 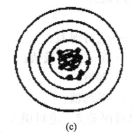

(a)   (b)   (c)

图 2-1 精密度与精确度示意

2.3 实验数据处理

实验数据的处理就是将实验测得的一系列数据经过计算整理后用最适宜的方式表示出来，使我们清楚地观察到各变量之间的定量关系，以便进一步分析实验现象，提出新的研究方案或得出规律，指导生产与设计。在化工原理实验中常用列表法、图示法和方程表示法 3 种形式表示。

2.3.1 列表法

将实验数据按自变量与因变量的对应关系而列出数据表格形式即为列表法，列表法具有制表容易、简单、紧凑、数据便于比较的优点，是标绘曲线和整理成为方程的基础。

实验数据可分为实验原始数据记录表和实验数据整理表两类。

实验原始数据记录表是根据实验内容待测数据设计，如流体直管阻力测定实验的原始数据记录表格形式见表 2-1。

表 2-1　直管阻力实验原始数据记录

实验日期：_____ 管子材料：_____ 直管长度：_____ 直管内径：_____

序号	流量 V_s/(m³/h)	温度 t/℃	压差 Δp/kPa
1			
...			

实验数据整理表是由实验数据经计算整理间接得出的表格形式，表达主要变量之间关系和实验的结论，见表 2-2。

表 2-2　直管阻力实验数据处理

序号	实验原始数据记录部分			实验数据处理部分	
	流量 V_s/(m³/h)	温度 t/℃	压差 Δp/kPa	雷诺数 Re	摩擦系数 λ
1					
...					

根据实验内容设计拟定表格时应注意以下几个问题。

(1) 表格设计要力求简明扼要，一目了然，便于阅读和使用。记录、计算项目满足实验要求。

(2) 表头应列出变量名称、符号、单位。同时要层次清楚、顺序合理。

(3) 表中的数据必须反映仪表的精度，应注意有效数字的位数。

(4) 数字较大或较小时应采用科学记数法，例如 $Re=25000$ 可采用科学记数法记作 $Re=2.5\times10^4$，在名称栏中记为 $Re\times10^{-4}$，数据表中可记为 2.5。

(5) 数据整理时尽可能利用常数归纳法（即转化因子），减少不必要的烦琐计算。如计算同一管路中不同流量下的雷诺数 Re 值，$Re=du\rho/\mu=4\rho V_s/(\pi d\mu)$，其中若水温不变或变化很小可忽略时，$d$、$\rho$、$\mu$ 为定值，于是可归纳为 $Re=kV_s$。

(6) 在数据整理表格下边，要求附以某一组数据进行计算示例，表明各项之间的关系，以便阅读或进行校核。

2.3.2　图示法

上述列表法一般难见数据的规律性，为了便于比较和简明直观地显示结果的规律性或变化趋势，常常需要将实验结果用图形表示出来。以下是化工实验中正确作图的一些基本原则。

2.3.2.1　坐标纸的选择

化工实验中常用的坐标有普通直角坐标、双对数坐标和半对数坐标，见图 2-2。普通直角坐标纸的两个轴都是分度均匀的普通坐标轴，双对数坐标纸的两个轴都是分度不均匀的对数坐标轴，而半对数坐标纸的一个轴是分度均匀的普通坐标轴，另一个轴是分度不均匀的对数坐标轴。

对数坐标轴的特点是：坐标轴上某点与原点的距离为该点表示量的对数值，但是该点标出的量是其本身的数值，例如对数坐标轴上标着 5 的一点至原点的距离是 $\lg5=0.70$，如图 2-3。

图 2-3 中上面一条线为 x 的对数刻度，而下面一条线为 $\lg x$ 的线性（均匀）刻度。对数

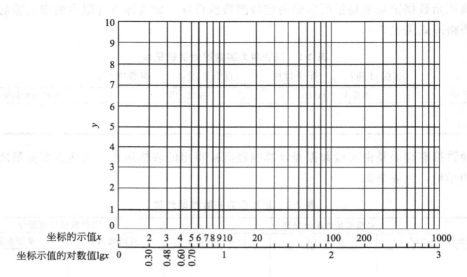

图 2-2 半对数坐标纸

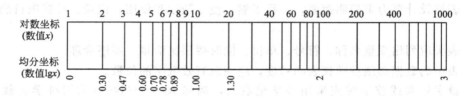

图 2-3 对数坐标的特点

坐标上 1、10、100、1000 之间的实际距离是相同的，因为上述各数相应的对数值为 0、1、2、3，这在线性（均匀）坐标上的距离相同。

选用时应根据变量间的函数关系选择合适的坐标纸。坐标纸的选择方法如下。

① 直线关系 $y=a+bx$，选用普通直角坐标纸。

② 幂函数关系 $y=ax^n$，经两边取对数后可变形为 $\lg y=\lg a+n\lg x$，非线性关系变换成线性关系，因此选用双对数坐标纸。

③ 若研究的函数 y 和自变量 x 在数值上均变化了几个数量级，可选用双对数坐标纸。例如，已知 x 和 y 的数据为：

$x=10，20，40，60，80，100，1000，2000，3000，4000$

$y=2，14，40，60，80，100，177，181，188，200$

在直角坐标上作图几乎不可能描出 x 的数值等于 10、20、40、60、80 时曲线开始部分的点（图 2-4），但是采用对数坐标则可以得到比较清楚的曲线（图 2-5）。

④ 下列情况下可考虑用半对数坐标：变量之一在所研究的范围内发生几个数量级的变化；在自变量由零开始逐渐增大的初始阶段，当自变量的少许变化引起因变量极大变化时，此时采用半对数坐标纸，曲线最大变化范围可伸长，使图形轮廓清楚；指数函数关系 $y=ak^{bx}$，经两边取对数有 $\lg y=\lg a+bx\lg k$，即 $\lg y$ 与 x 呈直线关系。

2.3.2.2　坐标的分度

坐标的分度指每条坐标轴所代表数值的大小，即选择适当的比例尺。

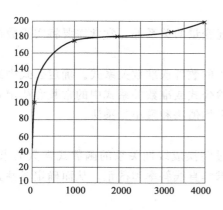
图 2-4 用直角坐标纸做的图

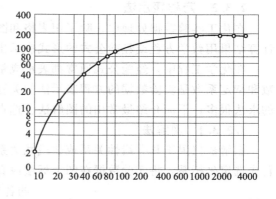
图 2-5 用双对数坐标纸做的图

为了得到理想的图形，在已知量 x 和 y 的误差 Δx 与 Δy 的情况下，比例尺的取法应使实验"点"的边长为 $2\Delta x$、$2\Delta y$，并且使 $2\Delta x = 2\Delta y = 1 \sim 2\text{mm}$。

x 轴的比例尺 M_x 为：

$$M_x = \frac{2}{2\Delta x} = \frac{1}{\Delta x} \tag{2-8}$$

y 轴的比例尺 M_y 为：

$$M_y = \frac{2}{2\Delta y} = \frac{1}{\Delta y} \tag{2-9}$$

如已知温度误差 $\Delta T = 0.05℃$，则：

$$M_T = \frac{1}{0.05} = 20 \tag{2-10}$$

温度的坐标分度为 20mm 长，若感觉太大，可取 $2\Delta x = 2\Delta y = 1\text{mm}$，此时的 1℃ 坐标为 10mm 长。

2.3.2.3 坐标纸的使用及实验数据的标绘

① 按照使用习惯取横轴为自变量，纵轴为因变量，并标明各轴代表的名称、符号和单位。

② 根据标绘数据的大小对坐标轴进行分度，所谓坐标轴分度就是选择坐标每刻度代表数值的大小。坐标轴的最小刻度表示出实验数据的有效数字，同时在刻度线上加注便于阅读的数字。

③ 坐标原点的选择，在一般的情况下，对普通直角坐标，原点不一定从零开始，应视标绘数据的范围而定，可以选取最小数据将原点移到适当位置；对于对数坐标，坐标轴刻度是按 1、2、…、10 的对数值大小划分的，每刻度为真数值，当用坐标表示不同大小的数据时，其分度要遵循对数坐标规律，只可将各值乘以 10^n 倍（n 取正负整数），而不能任意划分，因此，坐标轴的原点只能取对数坐标轴上规定的值做原点，而不能任意确定。

④ 标绘的图形占满整幅坐标纸，匀称居中，避免图形偏于一侧。

⑤ 标绘数据和曲线：将实验结果依自变量和因变量关系，逐点标绘在坐标纸上。若在同一张坐标纸上，同时标绘几组数据，则各实验点要用不同符号（如●、×、▲、○、◆等）加以区别，根据实验点的分布绘制一条光滑曲线，该曲线应通过实验点的密集区，使实验点尽可能接近该曲线，且均匀分布于曲线的两侧，个别偏离曲线较远的点应加以剔除。

2.3.3 方程表示法

在化工实验数据处理中，除了用表格和图形描述变量的关系外，常常需要将实验数据或计算结果用数学方程或经验公式的形式表示出来。

在化学工程中，经验公式通常都表示成量纲为1的数群或准数关系式。确定公式中的常数和待定系数是实验数据的方程表示法的关键。经验公式或准数关系式中的常数和待定系数的求法很多，下面介绍最常用的图解法、选点法、平均值法和最小二乘法。

2.3.3.1 图解法

图解法仅限于具有线性关系或非线性关系式通过转换成线性关系的函数式常数的求解。首先选定坐标系，将实验数据在图上标绘成直线，求解直线斜率和截距，从而确定线性方程的各常数。

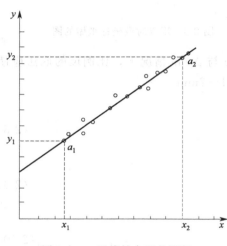

图 2-6　一元线性方程的图解

① 一元线性方程的图解　设一组实验数据变量间存在线性关系 $y=a+bx$。通过图解确定方程中斜率 b 和截距 a，如图 2-6 所示。在图中选取适宜距离的两点 $a_1(x_1, y_1)$、$a_2(x_2, y_2)$，直线的斜率为 $b=\dfrac{y_2-y_1}{x_2-x_1}$。直线的截距，若 x 坐标轴的原点为 0，可以在 y 轴上直接读取值（因为 $x=0$，$y=a$）。或可用外推法，使直线延长交于纵轴于一点 c，c 则为直线的截距。否则，由式 (2-11) 计算：

$$a=\frac{y_1 x_2 - y_2 x_1}{x_2 - x_1} \tag{2-11}$$

式中，$a_1(x_1, y_1)$、$a_2(x_2, y_2)$ 是从直线上选取的任意两点值。为了获得最大准确度，尽可能选取直线上具有整数值的点，a_1、a_2 两点距离以大为宜。

若在双对数坐标上用图解法求斜率时请注意斜率的正确求法，此时斜率为：

$$b=\frac{\lg y_2 - \lg y_1}{\lg x_2 - \lg x_1} \tag{2-12}$$

② 二元线性方程的图解　若实验研究中，所研究对象的物理量即因变量与两个变量成线性关系，可采用以下函数式表示：

$$y=a+bx_1+cx_2 \tag{2-13}$$

式 (2-13) 方程为二元线性方程函数式。可用图解法确定式中常数 a、b、c。首先令其中一变量恒定不变，如使 x_1 视为常数 d，则式 (2-13) 可改写成：

$$y=d+cx_2 \tag{2-14}$$

式中，$d=a+bx_1=$ 常数。

由 y 与 x_2 的数据可在直角坐标中标绘出一直线，如图 2-7(a) 所示。采用上述图解法可确定 x_2 的系数 c。

在图 2-7(a) 中直线上任取两点 $e_1(x_1, y_1)$、$e_2(x_2, y_2)$，则有：

$$c=\frac{y_2-y_1}{x_{22}-x_{21}} \tag{2-15}$$

当 c 求得后，将其代入原式中并将原式重新改写成以下形式：

$$y-cx_2=a+bx_1 \tag{2-16}$$

令 $y'=y-cx_2$，可得新的线性方程：
$$y'=a+bx_1 \tag{2-17}$$

由实验数据 y、x_2 和 c 计算得 y'，由 y' 与 x_1 在图 2-7(b) 中标绘其直线，并在该直线上任取 $f_1(x_{11}, y_1')$、$f_2(x_{12}, y_2')$ 两点。由 f_1、f_2 两点即可确定 a、b 两个常数：

$$b=\frac{y_2'-y_1'}{x_{12}-x_{11}} \tag{2-18}$$

$$a=\frac{y_1'x_{12}-y_1'x_{11}}{x_{12}-x_{11}} \tag{2-19}$$

在确定 b、a 时，其自变量 x_1、x_2 应同时改变，才使其结果覆盖整个实验范围。

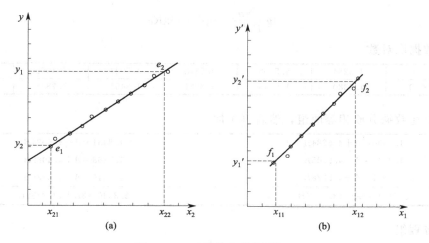

图 2-7 二元线性方程的图解

2.3.3.2 选点法

选点法亦称联立方程法，此法适用于实验数据精度很高的条件下，否则所得函数将毫无意义。具体步骤如下。

① 选择适宜经验方程式 $y=f(x)$；

② 建立待定常数方程组，若选定经验方程式为 $y=a+bx$，则从实验数据中选出两个实验点数据 (x_1, y_1)、(x_2, y_2) 代入式中得：

$$a+bx_1=y_1 \tag{2-20}$$
$$a+bx_2=y_2 \tag{2-21}$$

③ 联立求解以上方程，即可解得常数 a、b。

选点法也可与图解法结合起来。先将实验数据标绘在坐标纸上，在实验数据点之间用一直尺画出一条能代表所有数据的直线，该直线两侧的实验点均匀分布接近直线，在这直线两端选取两点，将其代入经验公式，解联立方程即可求出常数。

2.3.3.3 平均值法

当函数式是线性的或者可线性化，则该函数适合 $Y=A+BX$。列出条件方程 $Y_i=A+BX_i$，使条件方程的数目 n 等于已知的实验个数，然后按照偶数相等，或奇数近似相等的原则，将条件方程相加，得出下列两个方程：

$$\sum_1^m Y_i = mA+B\sum_1^m X_i \tag{2-22}$$

$$\sum_{m+1}^{n} Y_i = (n-m)A + B \sum_{m+1}^{n} X_i \tag{2-23}$$

解之，即可求得系数 A 和 B 的值。

例：由传热实验得 Re 与 $Nu/Pr^{0.4}$ 的一组数据

Re	4.25×10^4	3.72×10^4	3.45×10^4	3.18×10^4	2.56×10^4	2.14×10^4
$Nu/Pr^{0.4}$	86.7	82.1	78.0	70.0	61.2	53.9

其经验方程式为 $Nu/Pr^{0.4} = ARe^n$，试用平均值法确定其中的系数 A、n。

解：对经验公式取对数使其线性化，得：

$$\lg \frac{Nu}{Pr^{0.4}} = \lg A + n \lg Re \tag{2-24}$$

上述数据取对数

$\lg Re$	4.6284	4.5705	4.5378	4.5024	4.4082	4.3324
$\lg(Nu/Pr^{0.4})$	1.9380	1.9143	1.8921	1.8451	1.7868	1.7316

根据上述数据分成相等两组，然后再相加

$1.9380 = A + 4.6284B$	$1.8451 = A + 4.5024B$
$1.9143 = A + 4.5705B$	$1.7868 = A + 4.4082B$
$1.8921 = A + 4.5378B$	$1.7316 = A + 4.3324B$
$5.7444 = 3A + 13.7367B$	$5.3636 = 3A + 13.2430B$

解此方程组

$$\begin{cases} 5.7444 = 3A + 13.7367B \\ 5.3636 = 3A + 13.2430B \end{cases} \tag{2-25}$$

得：$B = 0.77$，$A = 0.024$

所以所求的准数方程式为：

$$\frac{Nu}{Pr^{0.4}} = 0.024 Re^{0.77} \tag{2-26}$$

2.3.3.4 最小二乘法

在图解时，坐标纸上标点会有误差，而根据点的分布确定直线位置时，具有人为性。因此用图解法确定直线斜率及截距常常不够准确。较准确的方法是最小二乘法，它的原理是：最佳的直线就是能使各数据点同回归线方程求出值的偏差的平方和为最小，也就是落在该直线一定的数据点其概率为最大，下面具体推导其数学表达式。

① 一元线性回归　已知 n 个实验数据点 (x_1, y_1)、(x_2, y_2)、$\cdots$、(x_n, y_n)。设最佳线性函数关系式为 $y = b_0 + b_1 x$，则根据此式 n 组 x 值可计算出各组对应的 y' 值：

$$\begin{cases} y'_1 = b_0 + b_1 x_1 \\ y'_2 = b_0 + b_1 x_2 \\ \cdots \\ y'_n = b_0 + b_1 x_n \end{cases} \tag{2-27}$$

而实测时，每个 x 值所对应的值为 y_1、y_2、$\cdots$、y_n，所以每组实验值与对应计算值 y' 的偏差 δ 应为：

$$\begin{cases} \delta_1 = y_1 - y_1' = y_1 - (b_0 + b_1 x_1) \\ \delta_2 = y_2 - y_2' = y_2 - (b_0 + b_1 x_2) \\ \cdots \\ \delta_n = y_n - y_n' = y_n - (b_0 + b_1 x_n) \end{cases} \tag{2-28}$$

按照最小二乘法的原理,测量值与真值之间的偏差平方和为最小。$\sum_{i=1}^{n}\delta_i^2$ 最小的必要条件为:

$$\begin{cases} \dfrac{\partial(\sum_{i=1}^{n}\delta_i^2)}{\partial b_0} = 0 \\ \dfrac{\partial(\sum_{i=1}^{n}\delta_i^2)}{\partial b_1} = 0 \end{cases} \tag{2-29}$$

展开可得:

$$\begin{cases} \dfrac{\partial(\sum_{i=1}^{n}\delta_i^2)}{\partial b_0} = -2[y_1 - (b_0 + b_1 x_1)] - 2[y_2 - (b_0 + b_1 x_2)] - \cdots - 2[y_n - (b_0 + b_1 x_n)] = 0 \\ \dfrac{\partial(\sum_{i=1}^{n}\delta_i^2)}{\partial b_1} = -2x_1[y_1 - (b_0 + b_1 x_1)] - 2x_2[y_2 - (b_0 + b_1 x_2)] - \cdots - 2x_n[y_n - (b_0 + b_1 x_n)] = 0 \end{cases} \tag{2-30}$$

写成和式得:

$$\begin{cases} \sum_{i=1}^{n} y_i - n b_0 - b_0 \sum_{i=1}^{n} x_i = 0 \\ \sum_{i=1}^{n} x_i y_i - b_0 \sum_{i=1}^{n} x_i - b_1 \sum_{i=1}^{n} x_i^2 = 0 \end{cases} \tag{2-31}$$

联立解得:

$$\begin{cases} b_0 = \dfrac{\sum_{i=1}^{n} x_i y_i \cdot \sum_{i=1}^{n} x_i - \sum_{i=1}^{n} y_i \cdot \sum_{i=1}^{n} x_i^2}{(\sum_{i=1}^{n} x_i)^2 - n\sum_{i=1}^{n} x_i^2} \\ b_1 = \dfrac{\sum_{i=1}^{n} x_i \cdot \sum_{i=1}^{n} y_i - n\sum_{i=1}^{n} x_i y_i}{(\sum_{i=1}^{n} x_i)^2 - n\sum_{i=1}^{n} x_i^2} \end{cases} \tag{2-32}$$

由此求得的截距为 b_0、斜率为 b_1 的直线方程,就是关联各实验点最佳的直线。

② 线性关系的显著检验——相关系数 在我们解决如何回归直线以后,还存在检验回归直线有无意义的问题,我们引进一个叫相关系数 r 的统计量,用来判断两个变量之间的线性相关的程度,其定义为:

$$r = \frac{\sum_{i=1}^{n}(x_i - \bar{x})(y_i - \bar{y})}{\sqrt{\sum_{i=1}^{n}(x_i - \bar{x})^2 \sum_{i=1}^{n}(y_i - \bar{y})^2}} \qquad (2\text{-}33)$$

式中

$$\bar{x} = \frac{1}{n}\sum_{i=1}^{n} x_i \qquad (2\text{-}34)$$

$$\bar{y} = \frac{1}{n}\sum_{i=1}^{n} y_i \qquad (2\text{-}35)$$

在概率中可以证明，任意两个随机变量的相关系数的绝对值不大于 1。即 $|r| \leqslant 1$。

相关系数 r 的物理意义是表示两个随机变量 x 和 y 的线性相关的程度，现分几种情况加以说明。

当 $r = \pm 1$ 时，即 n 组实验值 (x_i, y_i) 全部落在直线 $y' = b_0 + b_1 x$ 上，此时称为完全相关。

当 $|r|$ 越接近 1 时，即 n 组实验值 (x_i, y_i) 越靠近直线 $y' = b_0 + b_1 x$，变量 y 与 x 之间关系越近于线性关系。

当 $r = 0$，变量之间就完全没有线性关系了。但是应该指出，当 r 很小时，表现不是线性关系，但不等于就不存在其他关系。

3 化工实验常用测量仪器仪表

3.1 概述

流体的压强、流量、温度等物理量是化工生产和实验的重要参数,控制这些物理量的值是控制化工生产和实验研究的重要手段,因此必须进行测量。用来测量这些参数的仪表统称为化工测量仪表。不论是选用还是自行设计,要做到合理使用测量仪表,就必须对测量仪表有个初步的了解。化工测量仪表的种类很多,本章主要介绍化工实验室常用的测量仪表的工作原理、选用及安装使用的一些基本知识,更多内容可参阅相关专业书籍和手册。

化工测量仪表一般由检测(包括变送)、传送、显示3个基本部分组成。检测部分通常与被测介质直接接触,并依据不同的原理和方式将被测的压强、流量或温度信号转变为易于传送的物理量,如机械力、电信号等;传送部分一般只起信号能量的传递作用;显示部分则将传送来的物理量信号转换为可读信号,常见的显示形式有指示、记录、声光报警等。根据不同的需要,检测、传送、显示这3个基本部分可集成在一台仪表内,如弹簧管式压强表,也可分散为几台仪表,如仪表室对现场设备操作时,检测部分在现场,显示部分在仪表室,而传送部分则在两者之间。

使用者在选用测量仪表时必须考虑所选仪表的测量范围与精度,以免过大的测量误差。

3.2 流体压强(差)的测量

化工生产和实验中经常会遇到流体静压强的测量,如流体流动阻力实验中压强差的测量、泵特性曲线测定实验中泵进出口压力的测量、精馏实验中塔顶塔釜压力的测量。

常见的流体静压强的测量方法有3种。

① 液柱式测压法 将被测压强转变为液柱高度差。
② 弹性式测压法 将被测压强转变为弹性元件形变的位移。
③ 电气式测压法 将被测压强转变为某种电量(如电容或电压)的变化。

一般而言,由上述方法测得的压强均为表压值,即以外界物理大气压为基准的压强值。表压值加外界物理大气压值即为被测对象的绝对压强值。

3.2.1 液柱式压差计

液柱式压差计是利用液柱高度产生的压力和被测压力相平衡的原理制成的测压仪表,这种测压仪表具有结构简单、使用方便、精度较高、价格低廉的特点。既可用于测量流体的压强,又可用于测量流体管道两截面间的压强差。既有定型产品又可自制,在工业生产和实验室中广泛应用于测量低压或真空度。液柱式压差计的常见形式有以下几种。

3.2.1.1 U形管压差计

U形管压差计的结构如图3-1所示。

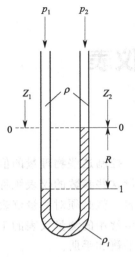

U形管压差计是将一根内径为 6~10mm 的粗细均匀的玻璃管弯成 U 形、然后将其垂直固定在平板上，U 形管中间装有刻度标尺，管子内充灌水、水银或其他工作指示液。测量时需读出两管中液面的高度差 R。

如果用 U 形管压差计测量管道液体流经两截面的压强差时，根据流体静力学基本方程式有：

$$(p_1+Z_1\rho g)-(p_2+Z_2\rho g)=R(\rho_i-\rho)g \tag{3-1}$$

式中 p_1，p_2——被测截面压强，Pa；

Z_1，Z_2——被测截面位置高度，m；

R——U 形管压强计液柱高度差读数，m；

ρ_i——U 形管压强计指示液的密度，kg/m^3；

ρ——被测流体的密度，kg/m^3；

g——重力加速度，$9.81m/s^2$。

图 3-1 U 形管压差计

若管道水平，则有：

$$p_1-p_2=R(\rho_i-\rho)g \tag{3-2}$$

3.2.1.2 单管式压差计

单管式压差计是 U 形管压差计的一种变形，即用一只杯形物代替 U 形管压差计中的一根管子，如图 3-2 所示。

由于杯形物的截面远大于玻璃管的截面（一般两者的比值须大于或等于 200 倍），所以在其两端作用不同压强时，细管一边的液柱从平衡位置升高到 h_1，杯形物一边下降到 h_2。根据等体积原理，h_1 远大于 h_2，故 h_2 可忽略不计。因此，在读数时只要读取 h_1 即可。

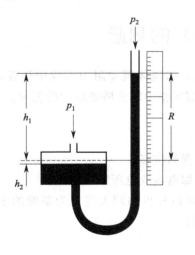

图 3-2 单管式压差计

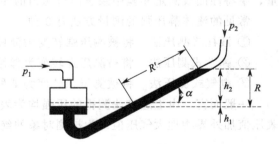

图 3-3 倾斜式压差计

3.2.1.3 倾斜式压差计

倾斜式压差计是把单管压差计或 U 形管压差计的玻璃管与水平方向作 α 角度的倾斜，如图 3-3 所示。倾斜角度的大小可根据需要调节。它使读数放大了 $1/\sin\alpha$ 倍，即：

$$R'=\frac{R}{\sin\alpha} \tag{3-3}$$

可用于测量流体的小压差，且提高了读数分辨率。

3.2.1.4 倒 U 形管压差计

倒 U 形管压差计如图 3-4 所示。指示剂为空气，一般用于测量液体小压差的场合。由于工作液体在两个测量点上压强不同，故在倒 U 形的两根支管中上升的液柱高度也不同，且因液体密度远大于气体密度，则有：

$$p_1 - p_2 = R(\rho - \rho_{空气})g \approx R\rho g \tag{3-4}$$

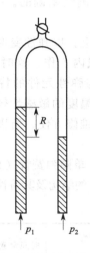
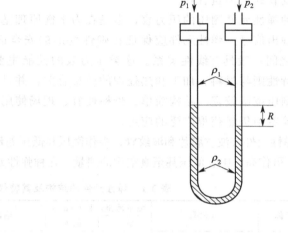

图 3-4 倒 U 形管压差计　　　　图 3-5 双液柱微差压差计

3.2.1.5 双液柱微差压差计

双液柱微差压差计的结构如图 3-5 所示。一般用于测量气体压差的场合。ρ_1、ρ_2 分别代表两种指示液的密度。由流体静力学原理知：

$$p_1 - p_2 = R(\rho_2 - \rho_1)g \tag{3-5}$$

当压差很小时，为了扩大读数 R、减小相对读数误差，可以减小 $(\rho_2 - \rho_1)$ 来实现。$(\rho_2 - \rho_1)$ 愈小，R 就愈大，但两种指示液必须有清晰的分界面。工业实际应用时常以石蜡油和工业酒精为指示介质，实验室中常以苯甲基醇和氯化钙溶液为指示介质。氯化钙溶液的密度可以用不同的浓度来调节。

液柱式压强计虽然构造简单、使用方便、测量准确度高，但耐压程度差、结构不牢固、容易破碎、测量范围小、示值与工作液体密度有关，因此在使用中必须注意以下几点。

① 被测压力不能超过仪表测量范围。有时因被测对象突然增压或操作不注意造成压力增大，会使指示液冲走，在实验操作中要特别引起注意。

② 避免安装在过热、过冷、有腐蚀性液体或有振动的地方。

③ 选择指示液体时要注意不能与被测液体混溶或发生反应，根据所测的压力大小，选择合适的指示液体，常用指示液体如水银、水、四氯化碳、苯甲醇、煤油、甘油等。

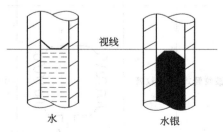

图 3-6 水和水银在玻璃管中的毛细现象

④ 由于液体的毛细现象，在读取压力值时，视线应在液柱面上，观察水时应看凹面处，观察水银面时应看凸面处，如图 3-6 所示。

在使用过程中保持测量管和刻度标尺的清晰，定期更换工作液。经常检查仪表本身和连接管间是否有泄漏现象。

3.2.2　弹性式压强计

弹性式压强计是以弹性元件受压后所产生的弹性变形作为测量基础的。一般分为 3 类：薄膜式；波纹管式；弹簧管式。

利用各种弹性元件测压的压力表，多是在力平衡原理基础上，以弹性变形的机械位移作为转换后的输出信号。弹性元件应保证在弹性变形的安全区域内工作，这时被测压力 p 与输出位移 x 之间一般具有线性关系。这类压力表的性能主要与弹性元件的特性有关。各种弹性元件的特性则与材料、加工和热处理的质量有关，并且对温度的敏感性较强。但是弹性压力表由于测压范围较宽、结构简单、价格便宜、现场使用和维修方便，所以在化工和炼油生产乃至实验室中仍然获得广泛的应用。

常用的弹性元件有波纹膜片和波纹管，多作微压和低压测量；单圈弹簧管（又称波登管）和多圈弹簧管，可作高、中、低压甚至真空度的测量。几种弹性元件的结构及其特性见表 3-1。

表 3-1　弹性元件的结构及其特性

类别	名称	示意图	测量范围/(kgf/cm²)		输出特性	动态性质	
			最小	最大		时间常数/s	自振频率/Hz
薄膜式	平薄膜		$0\sim 10^{-1}$	$0\sim 10^3$		$10^{-5}\sim 10^{-2}$	$10\sim 10^4$
	波纹膜		$0\sim 10^{-5}$	$0\sim 10$		$10^{-2}\sim 10^{-1}$	$10\sim 100$
	挠性膜		$0\sim 10^{-7}$	$0\sim 1$		$10^{-2}\sim 1$	$1\sim 100$
波纹管式	波纹管		$0\sim 10^{-5}$	$0\sim 10$		$10^{-2}\sim 10^{-1}$	$10\sim 100$

续表

类别	名称	示意图	测量范围/(kgf/cm²) 最小	测量范围/(kgf/cm²) 最大	输出特性	动态性质 时间常数/s	动态性质 自振频率/Hz
弹簧管式	单圈弹簧管		$0\sim10^{-3}$	$0\sim10^4$		—	$100\sim1000$
弹簧管式	多圈弹簧管		$0\sim10^{-4}$	$0\sim10^3$		—	$10\sim100$

注：1kgf/cm² = 98.1kPa。

现以最常见的单圈弹簧管式压强计为例，说明弹性式压强计的工作原理。单圈弹簧管是弯成圆弧形的空心管子，如图 3-7 所示。它的截面呈扁圆形或椭圆形，圆的长轴 a 与图面垂直的弹簧管中心轴 O 相平行。管子封闭的一端为自由端，即位移输出端。管子的另一端则是固定的，作为被测压力的输入端。

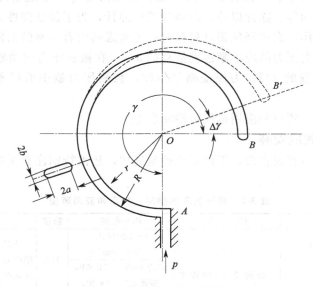

图 3-7 单圈弹簧管式压强计

A—弹簧管的固定端；B—弹簧管的自由端；O—弹簧管的中心轴；
γ—弹簧管中心角的初始值；$\Delta\gamma$—中心角的变化量；R、r—弹簧管弯曲圆弧
的外径和内径；a、b—弹簧管椭圆截面的长半轴和短半轴

作为压力-位移转换元件的弹簧管，当它的固定端 A 通入被测压力 p 后，由于椭圆形截面在压力 p 的作用下将趋向圆形，弯成圆弧形的弹簧管随之产生向外挺直的扩张变形，其自由端就由 B 移到 B'，如图 3-7 上虚线所示，弹簧管的中心角随即减小 $\Delta\gamma$。根据弹性变形原理可知，中心角的相对变化值 $\Delta\gamma/\gamma$ 与被测压力 p 成比例。通过机械传递，将中心角的相对变化转变为指针变化，即可测得压强值。

3.2.3 电气式压强计

为了适用现代化工业生产过程对压力测量信号进行远距离传送、显示、报警、检测与自动调节以及便于应用计算机技术等需要，常常采用电气式压力计。

电气式压强计是一种将压力值转换成电量的仪表。一般由压力传感器、测量电路和指示、记录装置组成。

压力传感器大多数仍以弹性元件作为感压元件。弹性元件在压力作用下的位移通过电气装置转变为某一电量，再由相应的仪表（称二次仪表）将这一电量测出，并以压力值表示出来。这类电气式压力表有电阻式、电感式、电容式、霍尔式、应变式和振迭弦式等。还有一类是利用某些物体的物理性质与压力有关而制成的电气式压力表，如压电晶体、压敏电阻等制成的压力传感器就属于此类压力表，该压力传感器本身可以产生远传的电信号。

3.2.4 测压仪表的选用

压强计的选用应根据使用要求，针对具体情况作具体的分析。在符合工艺生产过程所提出的技术要求条件下，本着节约原则，合理地选择种类、型号、量程和精度等级，有时还需要考虑是否需带有报警、远传变送等附加装置。

选用的依据主要有以下几点。①工艺生产过程对压力测量的要求。例如，压力测量精度、被测压力的高低、测量范围以及对附加装置的要求等。②被测介质的性质。例如，被测介质温度高低、黏度大小、腐蚀性、脏污程度、易燃易爆等。③现场环境条件。例如，高温、腐蚀、潮湿、振动等。除此以外，对弹性式压强计，为了保证弹性元件能在弹性变形的安全范围内可靠地工作，在选择压强计量程时必须考虑到留有足够的余地。一般在被测压力较稳定的情况下，最大压力值应不超过满量程的 3/4；在被测压力波动较大的情况下，最大压力值应不超过满量程的 2/3。为保证测量精度，被测压力最小值以不低于全量程的 1/3 为宜。

测压仪表的种类、特点和应用范围可参阅表 3-2。

3.2.5 测压仪表的安装

为使压强计发挥应有的作用，不仅要正确地选用，还需特别注意正确的安装。安装时一般有五点要求。

表 3-2 测压仪表的种类、特点和应用范围

类别	名 称	特 点	测量范围	精度	应 用 范 围
液柱式压力表	U 形管压力计	结构简单，制作方便，但易破损	0～20000Pa 0～2000mmHg	1.5	测量气体的压力及压差，也可用作差压流量计、气动单元组合仪表的校验
	杯形压力计		单管 3000～15000Pa 多管 2500～6300Pa		
	倾斜式压力计		400,1000,1250 ±250,±500Pa	1	测量气体微压，炉膛微压及压差
	补偿式微压计		0～1500Pa	0.5	
普通弹簧管式压力表	普通弹簧管压力表	结果简单，成本低廉，使用维护方便	−0.1～60MPa	1.5	非腐蚀性、无结晶的液体、气体、蒸气的压力和真空、防爆场合，电接点压力表应选防爆型
	电接点压力表			2.5	
	双针双管压力表		0～2500kPa	1.5	测量无腐蚀介质的两点压力
	双面压力表		0～2.5MPa		两面显示同一测量点的压力
	标准压力表（精密压力表）	精度高	−0.1～250MPa	0.25 0.4	校验普通弹簧管压力表，以及精确测量无腐蚀性介质的压力和真空度

续表

类别	名称	特点	测量范围	精度	应用范围
专用弹簧管式压力表	氨用压力表	弹簧管的材料为不锈钢	$-0.1\sim60$MPa	1.5	液氨、氨气及其混合物和对不锈钢不起腐蚀作用的介质
	氧气压力表	严格禁油		2.5	测量氧气的压力
	氢气压力表		$0\sim60$MPa		测量氢气的压力
	乙炔压力表		$0\sim2.5$MPa	2.5	测量乙炔的压力
	耐硫压力表		$0\sim40$MPa	1.5	测量硫化氢的压力
膜片式压力表	膜片压力表	膜片材料为1Cr18Ni9Ti和含钼不锈钢			测量腐蚀性、易结晶、易凝固、黏性较大的介质压力和真空
	隔膜式耐蚀压力表				
	隔膜式压力表				

（1）测压点。除正确选定设备上的具体测压位置外，在安装时应使插入设备中的取压管内端面与设备连接处的内壁保持平齐，不应有凸出物或毛刺，且测压孔不宜太大，以保证正确地取得静压力。同时，在测压点的上、下游应有一段直管稳定段，以避免流体功能对测量的影响。

（2）安装地点应力求避免振动和高温的影响。弹性压强计在高温情况下，其指示值将偏高，因此一般应在低于50℃的环境下工作，或利用必要的防高温防热措施。

（3）测量蒸气压力时，应加装凝液管，以防止高温蒸气与测压元件直接接触；对于腐蚀性介质，应加装充有中性介质的隔离罐。总之，针对被测介质的不同性质（高温、低温、腐蚀、脏污、结晶、沉淀、黏稠等），采取相应的防温、防腐、防冻、防堵等措施。

（4）取压口到压强计之间应装有切断阀门，以备检修压强计时使用。切断阀应装设在靠近取压口的地方。需要进行现场校验和经常冲洗引压导管的场合，切断阀可改用三通开关。

（5）引压导管不宜过长，以减少压力指示的迟缓。

3.3 流体流量的测量

流量是指单位时间内流体流过管道截面的量。若流过的量以体积计量，则称为体积流量，以 q_v 表示；若以质量计量，则称为质量流量，以 q_m 表示。两者关系是：

$$q_m = \rho q_v \tag{3-6}$$

式中，ρ 是被测流体的密度，它随流体的状态而变。因此，以体积流量表示时，必须同时指明被测流体的压强和温度。一般以体积流量描述的流量计，其指示刻度都是以水或空气为介质，在标准状态下进行标定的。若实际使用条件和生产厂家标定条件不符时，需对指示流量进行校正或现场重新标定。

测量流量的方法大致可分为3类。

（1）速度式测量方法 以流体在通道中的流速为测量依据。这类仪表种类繁多，常见的有：节流式流量计、转子流量计、涡轮流量计、靶式流量计等。

（2）容积式测量方法 以单位时间内排出流体的固定容积数为测量依据。这类仪表常见的有：湿式气体流量计、皂膜流量计、椭圆齿轮流量计等。

（3）质量式测量方法 以流过的流体质量为测量依据。这类仪表目前常见的主要有直接式和补偿式两种。

3.3.1 速度式测量方法

3.3.1.1 节流式流量计

节流式流量计中较为典型的有孔板流量计和喷嘴流量计,它们都是基于流体的动能和静压能相互转化的原理设计的。其基本结构见图 3-8 和图 3-9 所示。流体通过孔板或喷嘴时流速增加,从而在孔板或喷嘴的前后产生静压能差,这一能差可以由引压管在压差计或差压变送器上显示出来。

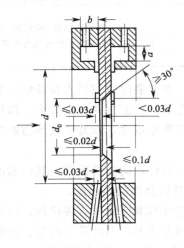

图 3-8 孔板流量计

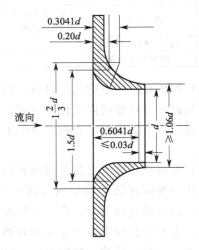

图 3-9 喷嘴流量计

对于标准的孔板和喷嘴,其结构尺寸、加工精度、取压方式、安装要求、管道的粗糙度等均有严格的规定,只有满足这些规定条件及制造厂提供的流量系数时,才能保证测量的精度。

非标准孔板和喷嘴是指不符合标准孔板规范的、如自己设计制造的孔板或喷嘴。对于这类孔板和喷嘴,在使用前必须进行校正,取得流量系数或流量校核曲线后才能投入使用。在设计制造孔板时,孔径的选择要按流量大小、压差计的量程和允许的能耗综合考虑。为了使流体的能耗控制在一定范围内并保证检测的灵敏度,推荐的孔板孔径和管径之比为 0.45~0.50。

孔板和喷嘴的安装,一般要求保持上游有 30~50d、下游有不小于 5d 的直管稳定段。孔口的中心线应与管轴线相重合。对于标准孔板或是已确定了流量系数的孔板,在使用时不能反装,否则会引起较大的测量误差。正确的安装是孔口的锐角方向正对着流体的来流方向。由于孔板或喷嘴的取压方式不同会直接影响其流量系数的值,标准孔板采用角接取压或法兰取压,标准喷嘴采用角接取压,使用时须按要求连接。自制孔板除采用标准孔板的方法外,尚可采用径距取压,即上游取压口距孔板端面 1d,下游取压口距孔板端面 0.5d。

孔板流量计结构简单,使用方便,可用于高温、高压场合,但流体流经孔板能量损耗较大。若不允许能量消耗过大的场合,可采用文丘里流量计。其基本原理与孔板类同,不再赘述。按照文丘里流量计的结构,设计制成的玻璃毛细管流量计能测量小流量,已在实验中获得广泛使用。

3.3.1.2 转子流量计

转子流量计又称浮子流量计,如图 3-10 所示,是实验室最常见的流量仪表之一。其特点是量程比大,可达 10∶1,直观,能量损失较小,适合于小流量的测量。

转子流量计的测量原理如下。转子流量计是一个由下往上逐渐扩大的锥形管（通常用玻璃制成，锥度为 $40'\sim3°$）；另一个是放在锥形管内的可自由运动的转子。工作时，被测流体（气体或液体）由锥形管下部进入，沿着锥形管向上运动，流过转子与锥形管之间的环隙，再从锥形管上部流出。当流体流过锥形管时，位于锥形管中的转子受到一个向上的"冲力"，使转子浮起。当这个力正好等于浸没在流体里的转子重量（即等于转子重量减去流体对转子的浮力）时，则作用在转子上的上下两个力达到平衡，此时转子就停浮在一定的高度上。假如被测流体的流量突然由小变大时，作用在转子上的"冲力"就加大。因为转子在流体中的重量是不变的（即作用在转子上的向下力是不变的），所以转子就上升。由于转子在锥形管中位置的升高，造成转子与锥形管间的环隙增大（即流通面积增大），随着环隙的增大，流体流过环隙时的流速降低，因而"冲力"也就降低，当"冲力"再次等于转子在流体中的重量时，转子又稳定在一个新的高度上。这样，转子在锥形管中的平衡位置的高低与被测介质的流量大小相对应。如果在锥形管外沿其高度刻上对应的流量值，那么根据转子平衡位置的高低就可以直接读出流量的大小。

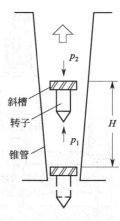

图 3-10　转子流量计

若将转子流量计的转子与差动变压器的可动铁芯连接成一体，使被测流体的流量值转换成电讯号输出，可实施远传显示之目的。

转子流量计测的是体积流量，出厂前是在标准状态下标定的。因此，若实际使用条件和标准状态条件不符时，需按式(3-7)进行修正或现场重新标定。

对于液体，有：

$$q=q_{N}\sqrt{\frac{\rho_0(\rho_f-\rho)}{\rho(\rho_f-\rho_0)}} \tag{3-7}$$

式中　q——实际流量值，L/h；

q_N——刻度流量值，L/h；

ρ_0——20℃时水的密度值，kg/m^3；

ρ——被测流体的密度，kg/m^3；

ρ_f——转子密度，kg/m^3。

对于气体，有：

$$q=q_{N}\sqrt{\frac{\rho_0}{\rho}} \tag{3-8}$$

式中　ρ_0——标定介质（空气）在标准状态下的密度，kg/m^3；

ρ——被测介质在实际操作状态下的密度，kg/m^3。

转子流量计安装时要特别注意垂直度，不允许有明显的倾斜（倾角要小于20°），否则会带来测量误差。为了检修方便，在转子流量计上游应设置调节阀。

3.3.1.3　涡轮流量计

涡轮流量计是一种精度较高的速度式流量测量仪表。其精度为 0.5 级。它由涡轮流量变送器（图3-11）和显示仪表组成。当流体通过时，冲击由导磁材料制成的涡轮叶片，使涡轮发生旋转。变送器壳体上的检测线圈产生一个稳定的电磁场。在一定流量范围和流体黏度下，涡轮的转速和流体流量成正比。涡轮转动时，涡轮叶片切割电磁场。由于叶片的磁阻与

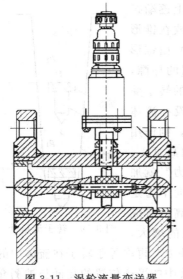

叶片间隙间流体的磁阻相差很大，因而使通过线圈的磁通量发生周期性变化，线圈内便产生了感应电流脉冲数量（脉冲数/s），并根据涡轮流量计的流量系数（脉冲数/L），便可求得体积流量（L/s）。

涡轮流量计安装时应水平安装，管道中流体的流动方向应与变送器标牌上箭头的方向一致，进、出口处前后的直管段应不小于 $15d$ 和 $5d$，调节流量的阀门应在后直管段 $5d$ 以外处。为避免流体中的杂质如颗粒、纤维、铁磁物等堵塞涡轮叶片和减少轴承磨损，安装时应在变送器前的直管段前部安装 20~60 目的过滤器，过滤器在使用一段时间后，根据具体情况定期拆下清洗。涡轮流量变送器与二次显示仪表都应有良好的接地，连接电缆应采用屏蔽电缆。

3.3.2　容积式测量方法

3.3.2.1　湿式气体流量计

图 3-11　涡轮流量变送器

湿式气体流量计是实验室常用的一种仪器，其结构如图 3-12 所示，其外部为一圆筒形外壳。内部为一分成四室的转子；在流量计正面有指针、刻度盘和数字表，用以记录气体流量。进气管、加水漏斗和放水旋塞均在流量计后面；出气管和水平仪在流量计顶部。在表顶有 2 个垂直的孔眼，可用于插入气压计和温度计；溢水旋塞在流量计正面左侧。流量计下面有 3 只螺丝支脚用来校准水平。气体由流量计背面中央处进入，转子每转动一周，4 个小室都完成一次进气和排气，故流量计的体积为 4 个小室充气体积之和。计数机构在刻度盘上显示相应数字。

湿式流量计每个气室的有效体积是由预先注入流量计内的水面控制的，所以在使用时必须检查水面是否达到预定的位置。安装时，仪表必须保持水平。

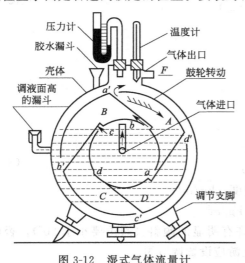

图 3-12　湿式气体流量计

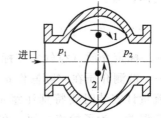

图 3-13　椭圆齿轮流量计

3.3.2.2　椭圆齿轮流量计

椭圆齿轮流量计适用于黏度较高的液体，如润滑油的计量。它是由一对椭圆状互相啮合的齿轮和壳体组成。如图 3-13 所示。在流体压差的作用下，各自绕其轴心旋转。每旋转一周排出四个月牙形体积（由齿轮与壳体间形成）的流体。

3.3.2.3 皂膜流量计

皂膜流量计一般用于气体小流量的测定，它由一根具有上、下两条刻度线指示的标准体积的玻璃管和含有肥皂液的橡皮球组成。如图 3-14 所示。肥皂液是示踪剂。当气体通过皂膜流量计的玻璃管时，肥皂液膜在气体的推动下沿管壁缓缓向上移动。在一定时间内皂膜通过上、下标准体积刻度线，表示在该时间段内通过了由刻度线指示的气体体积量，从而得到气体的平均流量。

为了保证测量精度，皂膜速度应小于 4cm/s。安装时须保证皂膜流量计的垂直度。每次测量前，按一下橡皮球，使之在管壁上形成皂膜以便指示气体通过皂膜流量计的体积。为了使皂膜在管壁上顺利移动，使用前须用肥皂液润湿管壁。

皂膜流量计结构简单，测量精度高。可作为校准其他流量计的基准流量计。它便于实验室制备。推荐尺寸为：管子内径 1cm、长度 25cm 或管子内径 10cm、长度 100～150cm 两种规格。

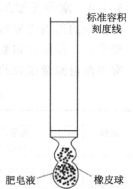

图 3-14 皂膜流量计

3.3.3 质量式测量方法（质量流量计）

由速度式和容积式方法测得的流体体积流量都受到流体的工作压强、温度、黏度、组成以及相变等因素的影响而带来测量误差，而质量测量方法则直接测定单位时间内所流过的介质的质量，可不受上述诸因素的影响。它是一种比较新型的流量计，在工程与实验室中得到越来越多的使用。

由于质量流量是流通截面积、流体流速和流体密度的函数，当流通截面积为常数时，只要测得流体的流速和流体密度，即可得到质量流量，而流体密度又是温度和压强的函数。因此，只要测得流体流速及其温度和压强，依一定的关系便可间接地测得质量流量。这就是温度、压力补偿式质量流量计的作用原理。

气体质量流量测量的压力、温度补偿系统如图 3-15 所示。它是通过测量流体的体积流

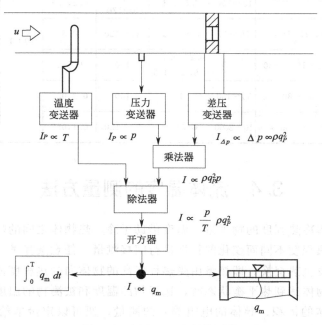

图 3-15 压力、温度补偿系统

量、温度、压力值，又根据已知的被测流体密度和温度、压力之间关系，经过运算把测得的体积流量值自动换算到标准状况下的体积流量值。此值再乘以标准状况下的密度值（常数），便测得了该气体的质量流量。

3.3.4 常用流量测量仪表的选用

流量计的选用应根据工艺生产过程的技术要求、被测介质与应用场合，合理地选择种类、型号、工作压力和温度、测量范围、测量精度。

常用流量测量仪表的种类、特点和应用范围可参阅表3-3。

表3-3 常用流量测量仪表的种类、特点和应用范围

分类	名称	被测介质	测量范围 /(m³/h)	管径 /mm	工作压力 /MPa	工作温度 /℃	精度等级	量程比	安装要求	应用场合
转子式	玻璃管转子流量计	液体	$1.5\times10^{-4}\sim10^2$	3~150	0.1	0~60	1.5,2,2.5,4	10:1	垂直安装	就地指示流量
		气体	$1.8\sim3\times10^3$		0.4,0.6,1,1.6,2.5,4	0~100 −20~120 −40~150	1.5,2.5			
	金属管转子流量计	液体	$6\times10^{-2}\sim10^2$	15~150	1.6 4	−40~150	1.5,2.5	10:1	垂直安装	就地指示流量，如与显示仪表配套可集中指示和控制流量
		气体	$2\sim3\times10^3$							
速度式	水表	液体	$4.5\times10^{-2}\sim2.8\times10^3$	15~400	0.6 1	90 0~40 0~60	2	>10:1	水平安装	就地累计流量
容积式	椭圆齿轮流量计	液体	$2.5\times10^{-2}\sim3\times10^2$	10~200	1.6	0~40 −10~80 −10~120	0.5	10:1	要装过滤器	就地累计流量
	涡轮流量计	液体 气体	$2.5\times10^{-1}\sim10^3$ —	15~300	2.5,6.3	0~80 0~120	0.2,0.5			
	旋转活塞式流量计	液体	$8\times10^{-2}\sim4$	15~40	0.6,1.6	20~120	0.5			
	圆盘流量计	液体	$2.5\times10^{-1}\sim30$	15~70	0.25,0.4,0.6,2.5,4.5	100	0.5,1			
	刮板流量计	液体	4~180	50~150	1	100	0.2,0.5			
	电磁流量计	液体	0.3~11m/s	10~2000	0.6~4	80~120	0.1,0.2		水平、垂直	

3.4 流体温度的测量方法

温度是表征物体冷热程度的物理量。温度借助于冷、热物体之间的热交换，以及物体的某些物理性质随冷热程度不同而变化的特性进行间接测量。任意选择某一物体与被测物体相接触，物体之间将发生热交换，即热量由受热程度高的物体向受热程度低的物体传递。当接触时间充分长、两物体达到热平衡状态时，选择物的温度和被测物的温度相等。通过对选择物的物理量（如液体的体积、导体的电阻等）的测量，便可以定量地给出被测物体的温度值，从而实现被测物体的温度测量。

流体温度的测量方法一般分为接触式测温与非接触式测温两类。

（1）接触式测温方法　将感温元件与被测介质直接接触，需要一定的时间才能达到热平衡。因此会产生测温的滞后现象，同时感温元件也容易破坏被测对象的温度场并有可能与被测介质产生化学反应。另外，由于受耐高温材料的限制，接触式测温方法不能应用于很高的温度测量。但接触式测温具有简单、可靠、测量精确的优点。

（2）非接触式测温方法　感温元件与被测介质不直接接触，而是通过热辐射来测量温度，反应速度一般比较快，且不会破坏被测对象的温度场。在原理上，它没有温度上限的限制。但非接触式测温由于受物体的发射率、对象到仪表之间的距离、烟尘和水蒸气等的影响，测量误差较大。

3.4.1　接触式测温

常用的接触式测温仪有热膨胀式、电阻式、热电效应式温度计。

3.4.1.1　热膨胀式温度计

热膨胀式温度计分为液体膨胀式和固体膨胀式两类。都是应用物质热胀冷缩的特性制成的。

生产上和实验中最常见的热膨胀式温度计是玻璃液体温度计。有水银温度计和酒精温度计两种。玻璃液体温度计测温范围比较狭窄，在 $-80 \sim 400$℃ 之间，精度也不太高，但比较简便，而且价格低廉，因而得到广泛的使用。若按用途划分，又可分为工业用、实验室用和标准水银温度计3种。

固体膨胀式温度计常见的有杆式温度计和双金属温度计。它们是将两种具有不同热膨胀系数的金属片（或杆、管等）安装在一起，利用其受热后的形变差不同而产生相对位移，经机械放大或电气放大，将温度变化检测出来。固体膨胀式温度计结构简单，机械强度大但精度不高。

3.4.1.2　电阻式温度计

电阻式温度计由热电阻感温元件和显示仪表组成。它利用导体或半导体的电阻值随温度变化的性质进行温度测量。常用的电阻感温元件有3种。

① 铂电阻的特点是精度高、稳定性好、性能可靠。它在氧化性介质中，甚至在高温下，物理、化学性质都非常稳定；但在还原介质中，特别是在高温下，很容易被从氧化物中还原出来的蒸气所沾污，使铂条变脆，进而改变它的电阻与温度间的关系。铂电阻的使用温度范围为 $-259 \sim 630$℃，它的价格较贵。常用的铂电阻型号是 WZB、分度号为 Pt_{50} 和 Pt_{100}。

铂电阻感温元件按其用途分为工业型、标准或实验室型、微型三种。分度号 Pt_{50} 是指 0℃时电阻值 $R_0 = 50\Omega$，Pt_{100} 指 0℃时电阻值 $R_0 = 100\Omega$。标准或实验室型的 R_0 为 10Ω 或 30Ω 左右。

② 铜电阻感温元件的测温范围比较狭窄，物理、化学的稳定性不及铂电阻，但价廉，并且在 $-50 \sim 150$℃ 范围内，其电阻值与温度的线性关系好。因此铜电阻的应用比较普遍。常用的铜电阻感温元件的型号为 ZWG，分度号为 Cu_{50} 和 Cu_{100}。

③ 半导体热敏电阻为半导体温度计的感温元件。它具有良好的抗腐蚀性能、灵敏度高、热惯性小、寿命长等优点。

电阻温度计通常将热电阻感温元件作为不平衡电桥的一个桥臂，如图 3-16 所示。电桥中流过电流计的电流大小与 4 个桥臂的电阻以及电流计的内阻、桥路的端电压有关。在电流计内阻、桥路的端电压以及其他 3 个桥臂电阻不随温度变化的情况下，对应于一个温度（即对应于一个确定的热敏电阻值），便有一个确定的电流输出。若电流计表盘上刻着对应的温度分度值，即可直接读到相应的温度。

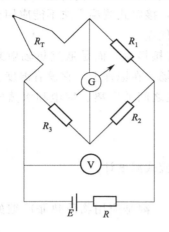 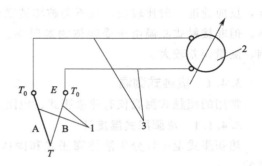

图 3-16　不平衡电桥　　　　　　　　图 3-17　热电偶测温系统

3.4.1.3　热电偶

最简单的热电偶测温系统如图 3-17 所示。它由热电偶（感温元件）1、毫伏检测仪 2 以及连接热电偶和测量电路的导线（铜线及补偿导线）3 所组成。

热电偶是由两根不同的导体或半导体材料（图 3-17 中的 A 与 B）焊接或绞接而成。焊接的一端称作热电偶的热端（或工作端），与导线连接的一端称作冷端。把热电偶的热端插入需要测温的生产设备中，冷端置于生产设备的外面，如果两端所处的温度不同，在热电偶的回路中便会产生热电势 E。该热电势 E 的大小与热电偶两端的温度 T 和 T_0 有关。在 T_0 恒定不变时，热电势 E 只是热电偶热端温度 T 的函数。

为了保持冷端温度恒定不变或消除冷端温度变化对热电势的影响，常用以下两种方法。

① 冰浴法　冰浴法是将冷端保存在水和冰共存的保温瓶中。为了保证能达到共相点，冰要弄成细冰屑，水可以用一般的自来水。通常把冷端放在盛有绝缘油如变压器油的试管中，并将其插入置有试管孔的保温瓶木塞盖的孔中，以维持冷端温度为 0℃。

② 补偿电桥法　补偿电桥法是将冷端接入一个平衡电桥补偿器中，自动补偿因冷端温度变化而引起的热电势变化。

常用的热电偶有：铂铑 10%-铂热电偶，分度号为 LB；镍铬-镍硅（或镍铬-镍铝）热电偶，分度号为 EU；镍铬-考铜热电偶，分度号为 EA；铂铑 30%-铂铑 6%热电偶，分度号为 LL；铜-康铜热电偶，分度号为 T。读者可查阅有关手册选用。

3.4.2　非接触式测温

在高温测量或不允许因测温而破坏被测对象温度场的情况下，就必须采用非接触式测温方法如热辐射式高温计来测量。这种高温计在工业生产中广泛地应用于冶金、机械、化工、硅酸盐等工业部门，用于测量炼钢、各种高温窑、盐浴池的温度。

热辐射式高温计用来测量高于 700℃的温度（特殊情况下其下限可从 400℃开始）。这种温度计不必和被测对象直接接触（靠热辐射来传热），所以从原理上来说，这种温度计的测温上限是无限的。由于这种温度计是通过热辐射传热，它不必与被测对象达到热平衡，因而传热的速度快,热惯性小。热辐射式高温计的信号大,灵敏度高,本身精度也高,因此世界各国已把单色热辐射高温计(光学高温计)作为在 1063℃ 以上温标复制的标准仪表。

3.4.3 测温仪表的比较和选用

在选用温度计时,必须考虑以下几点:
(1) 被测物体的温度是否需要指示、记录和自动控制;
(2) 能便于读数和记录;
(3) 测温范围的大小和精度要求;
(4) 感温元件的大小是否适当;
(5) 在被测物体温度随时间变化的场合,感温元件的滞后能否适应测温要求;
(6) 被测物体和环境条件对感温元件是否有损害;
(7) 仪表使用是否方便;
(8) 仪表寿命。

测温仪表的比较和选用可参照表 3-4。

表 3-4 测温仪表的比较和选用

类别	名称	原理	优点	缺点	常用测温范围/℃	应用场合
接触式仪表	双金属温度计	金属受热时产生线性膨胀	结构简单,机械强度较好,价格低廉	精度低,不能远传与记录	-80~500	就地测量,电接点式可用于位式控制或报警
	棒式玻璃液体温度计	液体受热时体积膨胀	结构简单,精度较高,稳定性好,价格低廉	易碎,不能远传与记录		
	压力式温度计	液体或气体受热后产生体积膨胀或压力变化	结构简单,不怕震动,易地就地集中测量	精度低,测量距离较远时,滞后性较大,毛细管机械强度差,损坏后不易修复	-100~500	就地集中测量,可用于自动记录、控制或报警
	热电阻	导体或半导体的电阻随温度而改变	精度高,便于远距离多点集中测量和自动控制温度	不能测高温,与热电偶相比,维护工作量大	-200~850	与显示仪表配用可集中指示和记录;与调节器配用可对温度进行自动控制
	热电偶	两种不同的金属导体接点受热后产生电势	精度高,测量范围广,不怕震动,与热电阻相比,安装方便,寿命长,便于远距离集中测量和自动控制温度	需要冷端补偿和补偿导线,在低温段测量时精度低	0~1600	
非接触式仪表	光学高温计	加热体的亮度随温度而变化	测量范围广,携带使用方便	只能目视高温,低温段测量精度较差		适用于不接触的高温测量
	光电高温计	加热体的颜色随温度而变化	精度高,反应速度快	只能测高温,结构复杂,读数麻烦,价格高	600~2000	
	辐射高温计	加热体的辐射能量随温度而变化	测温范围广,反应速度快,价格低廉	误差较大,低温段测量不准,测量精度与环境条件有关		

3.4.4 接触式测温仪表的安装

感温元件的安装应确保测量的准确性。为此,感温元件的安装通常应按下列要求进行。
(1) 由于接触式温度计的感温元件是与被测介质进行热交换而测温的,因此,必须使感温元件与被测介质能进行充分的热交换,感温元件的工作端应处于管道中流速最大之处以有利于热交换的进行，不应把感温元件插至被测介质的死角区域。

（2）感温元件应与被测介质形成逆流，即安装时，感温元件应迎着介质流向插入，至少须与被测介质流向成 90°角。切勿与被测介质形成顺流，否则容易产生测温误差。

（3）避免热辐射所产生的测温误差。在温度较高的场合，应尽量减小被测介质与设备壁面之间的温度差。在安装感温元件的地方，如器壁暴露于空气中，应在其表面包一层绝热层（如石棉等），以减少热量损失。

（4）避免感温元件外露部分的热损失所产生的测温误差。为此，①要有足够的插入深度。实践证明，随着感温元件插入深度的增加，测温误差随之减小；②必要时，为减少感温元件外露部分的热损失，应对感温元件外露部分加装保温层进行适当的保温。

（5）用热电偶测量炉膛温度时，应避免热电偶与火焰直接接触。

（6）感温元件安装于负压管道（设备）中（如烟道中）必须保证其密闭性，以免外界冷空气袭入而降低测量值。

（7）热电偶、热电阻的接线盒出线孔应向下，以防因密封不良而使水汽、灰尘与脏物等落入接线盒中，影响测量。

（8）在具有强电磁场干扰源的场合安装感温元件时，应注意防止电磁干扰。

（9）水银温度计只能垂直或倾斜安装，同时需观察方便，不得水平安装（直角形水银温度计除外），更不得倒装（包括倾斜倒装）。

此外，感温元件的安装还应确保安全、可靠。为避免感温元件的损坏，应保证其具有足够的机械强度。可根据被测介质的工作压力、温度及特性，合理地选择感温元件保护套管的壁厚与材质。同时，还应考虑日后维修、校验的方便。

3.5 液体比重天平（韦氏天平）使用说明

精馏实验原料、塔顶、塔底液体样品的浓度是通过 PZ-A-5 液体比重天平测量得到液体样品的比重，然后在本书第 8 章列出的化工原理实验常用数据表部分查表 8-9 所列乙醇-水溶液比重，由测得的样品相对密度值查得相应的乙醇溶液样品的质量百分率。下面简单介绍液体比重天平的原理和使用方法。

比重天平有一个标准体积（5cm^3）与质量的测锤，浸没于液体之中获得浮力而使横梁失去平衡，然后在横梁的 V 形槽里放置相应质量的骑码，使横梁恢复平衡，从而能迅速测得液体相对密度，如图 3-18 所示。

先将测锤和玻璃量筒用纯水或酒精洗净并晾干或擦干，再将支柱紧固螺钉旋松，把托架升到适当高度位置后再将支柱紧固螺钉旋紧，把横梁置于托架的玛瑙刀座上。

3.5.1 液体比重天平的校正

（1）用水校正液体比重天平的零点　将量筒内盛水，然后将测锤浸没于水中央，另一端悬挂于横梁右端的小钩上。用温度计测量量筒内的水温，由本书第 8 章表 8-2 水的密度表查出相应的水的密度，再根据水的密度值，在横梁 V 形刻度槽内放置相应重量的骑码，然后调整水平调节螺钉使横梁与支架指针尖成水平以示平衡。如果仍无法调节平衡时，略微转动平衡调节器直到平衡为止。这时液体比重天平零点校正好不能乱动，把量筒内的水倒掉，测锤、量筒擦干待用。

3 化工实验常用测量仪器仪表

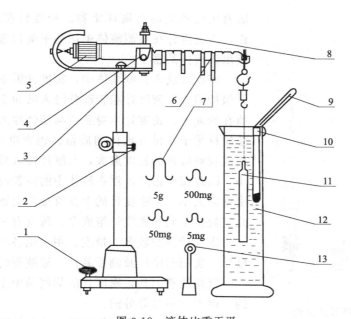

图 3-18 液体比重天平
1—水平调节螺钉；2—支柱紧固螺钉；3—托架；4—玛瑙刀座；
5—平衡调节器；6—横梁；7—骑码（4只）；8—重心调节器；
9—温度计；10—温度计夹；11—测锤；
12—玻璃筒；13—等重砝码

（2）用等重砝码校正液体比重天平的零点　用等重砝码挂于横梁右端的小钩上，调整水平调节螺钉使横梁与支架指针尖成水平以示平衡。如果仍无法调节平衡时，略微转动平衡调节器直到平衡为止。这时液体比重天平零点已校正好。

3.5.2　液体比重天平的测量

将待测液体倒入玻璃量筒内，把测锤浸没于待测液体中央，由于液体浮力而使横梁失去平衡，在横梁的 V 形槽里放置相应重量的骑码，使横梁恢复平衡（横梁与支架指针尖成水平），读出横梁上骑码的总和即为测得液体之相对密度数值。读数方法可参照表 3-5。

表 3-5　比重天平读数方法表

放在小钩上与 V 形槽砝码重	5g	500mg	50mg	5mg
V 形槽上第 9 位代表数	0.9	0.09	0.009	0.0009
V 形槽上第 8 位代表数	0.8	0.08	0.008	0.0008
V 形槽上第 7 位代表数	0.7	0.07	0.007	0.0007
…	…	…	…	…

例如，所加骑码 5g、500mg、50mg、5mg，在横梁 V 形刻度槽位置分别为第 9 位、第 6 位、第 2 位、第 4 位，即可读出测量液体的相对密度为 0.9624。读数的方法是按骑码从大到小的顺序读出 V 形槽刻度即为相对密度值。

3.6　液体密度计（比重计）使用说明

密度计的结构如图 3-19 所示，常用玻璃制成，上端细管上有直读式刻度，下端粗管内装有密度较大的金属球重物。密度计按阿基米德原理工作,由密度计在被测液体中达到平衡状态时所浸没的深度读出该液体的密度。

密度计放入被测液体中,密度计因下端较重,故能自行保持垂直。密度计粗管部分浸入液面下,细管的一部分留在液面上。密度计本身质量与液体浮力平衡,即密度计总质量等于它排开液体的质量。因密度计的质量为定值,所以被测液体的密度愈大,密度计浸入液体中的体积就愈小。因此按照密度计浮在液体中的位置高低,可求得液体密度的大小。在密度计的上管直接刻上密度或读数,并由几支规格不同的密度计组成套,每支有一定测定范围。

密度计种类较多,精度、用途也各不相同,有标准密度计、实用密度计及测量乳汁、尿液等的专用密度计等。

值得注意的是,密度计的刻度值由上至下是逐渐增大的,但刻度不是等分的。

使用密度计测定液体密度的步骤如下。

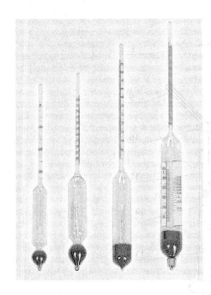

图 3-19 密度计的结构

① 取液体样品约 200mL,沿 250mL 玻璃量筒壁缓慢倒入其中,避免产生泡沫。

② 根据样品的估计密度,选择一支量程合适的密度计,将其轻轻插入量筒内的液体中心,使密度计慢慢下沉,注意勿使密度计与量筒壁相撞,静置 1~2min,用一只眼睛沿液面水平方向直接读出密度计细管上的刻度值。对于透明液体,按弯月面下缘读数;对于不透明液体,按弯月面上缘读数。同时,用温度计测量液体温度,并按下式计算出测量温度 t 下的密度 ρ_t:

$$\rho_t = \rho'_t + \rho'_t \alpha (20 - t) \tag{3-9}$$

式中 ρ'_t——样品在温度为 t 时密度计的读数值,g/cm³;

α——密度计的玻璃膨胀系数,一般取 0.000025;

t——测量时的温度,℃。

若将测量温度下的密度换算为 20℃时的密度 ρ_{20},可按式(3-10) 计算:

$$\rho_{20} = \rho_t + k(t - 20) \tag{3-10}$$

式中,k 为样品密度的温度校正系数,可查阅有关手册或由实验测定得到。

即用同一样品按照上述步骤在 20℃的恒定温度下测定,并按式(3-9) 计算出 20℃的密度,由式(3-11) 可计算出 k 值:

$$k = \frac{\rho_{20} - \rho_t}{t - 20} \tag{3-11}$$

3.7 UV751GD 紫外可见分光光度计使用方法

膜分离实验中采用了 UV751GD 紫外可见分光光度计 (图 3-20) 来测定溶液的浓度,下面简要介绍其测量原理和使用方法。

3.7.1 分光光度计测量原理

分光光度法是通过测定物质吸光度的大小进而测量物质浓度的方法。仪器根据相对测量

3 化工实验常用测量仪器仪表

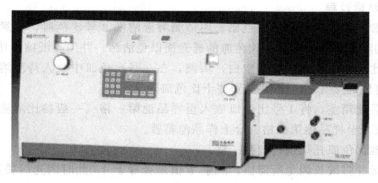

图 3-20 UV751GD 紫外可见分光光度计外形

原理工作,即先选定某一溶剂(空气、试样)作为参比溶液,并认为它的透射比为 100%(吸光度 $A=0$),而被测试样的透射比(吸光度)是相对于参比溶液而言的。实际上就是由出射狭缝射出的单色光分别通过被测溶液和参比溶液,这两个光能量的比值,就是在一定波长下被测试样的透射比(或吸光度)。吸光度的变化和被测物质的浓度有一定的比例关系,也即符合比色原理朗伯-比耳定律。

$$\tau = \frac{i}{i_0} \times 100\% \tag{3-12}$$

$$A = \lg \frac{1}{\tau} = \lg \frac{i_0}{i} \tag{3-13}$$

$$c = KbA \tag{3-14}$$

式中 τ——透射比;
i_0——参比光强度;
i——试样光强度;
A——吸光度;
K——吸光系数;
b——溶液厚度;
c——溶液的浓度。

从以上公式可以看出,当吸光系数和溶液厚度不变时,吸光度 A 的大小和被测溶液的浓度 c 成正比。

3.7.2 UV751GD 紫外可见分光光度计使用方法

3.7.2.1 测试准备

① 根据测试要求,推动光源选择杆,选择合适的光源灯,氘灯的适用波长为 195~320nm,钨灯的适用波长为 320~1000nm。
② 将氘、钨灯转换开关拨在选定的位置上。
③ 打开电源开关预热 20min,此时显示为"F751"表示本设备型号。
④ 在面板上按"CE"键。
⑤ 按"0%T"键。
⑥ 按"MODE"键至显示为 T 档。若此时显示值非 0 则应进行调零。
⑦ 按"0%T"键调零。此步即为设备调零。

3.7.2.2 测量过程

① 分别用参比溶液清洗 1 号比色皿、用待测溶液清洗 2 号比色皿，注意清洗时手指只能捏住比色皿的毛玻璃面，不要碰比色皿的透光面以免沾污，并用吸纸擦干比色皿外部。

② 在 1 号比色皿中放入参比（空白）溶液，在 2 号比色皿中放入待测溶液，放入高度一般为比色皿高度的 2/3～3/4，并分别擦干比色皿外部。

③ 打开样品池箱盖，将 1 号比色皿放入至样品池第一格（一般参比溶液放于第一格），将 2 号比色皿放入至样品池第二格，合上样品池箱盖。

④ 将样品池比色皿托架拉杆拉至一格。

⑤ 选择波长并将波长调至所需值，观察 T 值是否等于 0，此时因光门关闭 T 值应为 0，若 T 是非 0 值则需按"0%T"键调零，此步即为暗电流调零操作。

⑥ 打开光门（即拉出"推入暗"至底），使参比溶液进入光路，观察此时 T 值是否等于 100，若不在 100 则调至 100，步骤如下：在面板上按"MODE"键至屏幕上显示 T 值，调节狭缝至透光率 T 为 98～102 之间，然后在面板上按"100%T"键以调整透光率为 100，注意调节狭缝应慢调，并且不能直接按"100%T"键，否则易死机。此步即为参比调零。

⑦ 将样品池比色皿托架拉杆拉至二格，使被测溶液进入光路，注意此时不能再转缝宽选择钮。

⑧ 在面板上按"MODE"键至屏幕上显示吸光度 A 值，即显示"A0.××××"，读取并记录此时显示的吸光度 A 值，并立即关闭光门（即推入"推入暗"至底）以保护设备。

⑨ 推比色皿托架拉杆至一格，按"MODE"键至显示 T 档。

⑩ 倒掉 2 号比色皿中待测溶液至烧杯内，换其他测量溶液，重复步骤①～⑨。

3.7.2.3 结束工作

① 将狭缝调至 0.02mm，关闭电源。

② 完全合上比色皿托架拉杆，即推至底。

③ 比色皿使用完毕，请立即用蒸馏水清洗干净，并用吸纸擦干，将比色皿倒放在吸纸上。

3.8 智能仪表屏的操作方法简介

随着工业生产自动化技术的不断发展，化工生产和实验中对生产流程中设备和物料的压强、流量、温度等参数的监测和控制可以集中在仪表室中进行，这里以浙江中控仪表公司提供的智能仪表屏为例对其操作作一简要介绍。

智能仪表屏常用的界面有监视界面包括监视界面 1 和监视界面 2 以及控制界面三个界面，见图 3-21。三界面间的切换可通过仪表屏上的功能键进行，见图 3-21(a)。

监视界面是作实验时监视参数用，图 3-21(a) 中 A 处表示实验参数编号，1 即 1 号参数，B 处指明该参数的单位，rpm 即 round per minute（每分钟的转速），C 处则是该参数的实时测量值，0 表示此时转速为零。其左侧柱状图与实验无关，其作用参见浙江中控仪表公司的 C1000 仪表说明书。

监视界面下无需操作，只有监视功能。

控制界面用于被控参数的自动调整（仅包含流量参数的仪表起作用）。图 3-21(c) 中，A 处表示设定值，即当仪表处于自动控制时，可通过图 3-22(b)、(c) 所示的增加、减少两

3　化工实验常用测量仪器仪表　　39

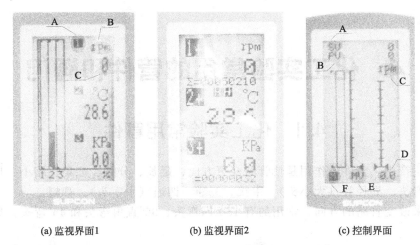

(a) 监视界面1　　　(b) 监视界面2　　　(c) 控制界面

图 3-21　智能仪表屏常用界面

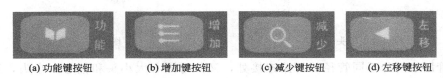

(a) 功能键按钮　　(b) 增加键按钮　　(c) 减少键按钮　　(d) 左移键按钮

图 3-22　智能仪表屏操作键按钮

键按钮设定实验需要的流量值；B 处表示实时测量到的参数值，用于与 A 处显示的设定值做比较（了解即可）；C 处表明该实验参数的单位；D 处表明此控制器输出值的大小（了解即可）；E 处 MV 表明了输出值的英语缩写（了解即可）；F 处显示仪表的工作状态，共有"A"及"M"两种，"M"即 manual、手动，"A"即 auto、自动，通过图 3-22(d) 所示的左移键按钮切换手、自动状态。

下面再对控制画面的操作举一简单实例。仪表电源开关打开后，待其自检完毕，此时出现图 3-21(c) 所示的控制界面，按下图 3-22(d) 所示的左移键按钮，将仪表的工作状态切换至自动，此时 F 处应显示字母"A"，之后通过图 3-22(b)、(c) 所示的增加、减少两键按钮将流量设定至期望值（如实验需要流量为 $2m^3/h$，则按下增加键按钮，直至 A 处"SV"后的数字变为 2），等待 B 处 PV 值与 SV 值一致，使用图 3-22(a) 所示的功能键按钮将画面切换回监视界面，此时即可记录实验数据。此流量完毕后，使用功能键按钮将画面切换回控制界面，改变 SV，直至实验结束。若手动控制，则按下左移键按钮，将仪表的工作状态切换至手动，此时 F 处应显示字母"M"，之后通过增加、减少两键按钮将流量调至期望值，注意此时调节的是控制器输出值的大小即图 3-21(c) 中 D 处显示的值，实时流量依然由 B 处显示的 PV 值得到。

4 化工实验常用的管件和阀门

4.1 化工实验常用管件

在化工生产中,管件的作用是使管路变更方向、延长、分路、汇集、缩小、扩大等。常用的管件有弯头、异径管(大小头)、束接、三通、四通(十字头)、管帽。

弯头用来改变管路的方向,常用的有180°回弯头、90°直角弯头和45°弯头,见图4-1。

图 4-1 弯头　　　　　　　　　　　　　　　图 4-2 异径管

异径管用于两种不同管径的管路连接处,又分为同心大小头和偏心大小头,见图4-2。同心异径管连接的两根管子的中心线在一条直线上,主要用于直立管线;偏心异径管较多地用于水平管线上。

束接用于连接延长管路,常用的主要有内丝直通束接(又称缩节、内牙管)、管外丝、活管接,见图4-3。

图 4-3 束接

三通用于主管和分支管相互连接的部位,通常有等径三通、异径三通和斜三通,见图4-4。斜三通常代替三通用于输送有固体颗粒或冲刷腐蚀较为严重的管道。

图 4-4 三通　　　　　　　　图 4-5 四通　　　　　　　　图 4-6 管帽

四通用来连接四根公称通径相同、并成垂直相交的管子,见图4-5。

管帽,见图4-6,是用于管子端部封闭的管件,有时也常采用盲法兰封闭管子端部,以便于管子的吹扫和清洗。一般根据管道连接尺寸的要求,并考虑经济性或者工程上将来扩建的可能性等要求来确定采用管帽或盲法兰。

4.2 化工实验常用阀门

阀门是在流体流动系统中用来控制流体流动或停止,并能控制其流动方向、流量、压力的装置。随着现代工业的不断发展,各类阀门的使用不断增加。认识各种常用阀门,也是化工原理实验教学的要求之一,下面对阀门知识作一简单介绍。

4.2.1 阀门的分类

通用分类法既按原理、作用又按结构划分,是目前国际、国内最常用的分类方法。一般分闸阀、截止阀、节流阀、仪表阀、柱塞阀、隔膜阀、旋塞阀、球阀、蝶阀、止回阀、减压阀、安全阀、疏水阀、调节阀、底阀、过滤器、排污阀等。

4.2.2 阀门型号的编制

阀门的编制由类型代号(表 4-1)、传动方式代号、连接形式代号、结构形式代号、阀座密封面或里衬材料代号、公称压力数值、阀体材料代号 7 个单元组成,分别用字母和数字表示。例如 Z543H-16C,表示伞齿轮传动法兰连接平板闸阀,公称压力 1.6MPa,阀体材料为碳钢。

表 4-1 阀门的类型及代号

阀门类型	代号	阀门类型	代号	阀门类型	代号
闸阀	Z	球阀	Q	疏水阀	S
截止阀	J	旋塞阀	X	安全阀	A
节流阀	L	液面指示器	M	减压阀	Y
隔膜阀	G	止回阀	H		
柱塞阀	U	蝶阀	D		

4.2.3 阀门的选型

安装在气、水管路上的各种阀门,首先是密封性要好,不能泄漏;其次是强度和调节性能至关重要,要经得起高压气、水的冲蚀,化学水处理系统的阀门还要考虑耐腐蚀的问题。阀门的跑、冒、滴、漏,不但会影响机组的效率,更重要的是会危及人身和设备的安全,所以选择时一定要慎重,要选择一些生产条件、技术、质量管理、加工设备、检测装置等比较好的企业,有相关运行业绩的产品。

4.2.4 阀门的安装及使用

4.2.4.1 安装

阀门安装的质量直接影响着使用,所以必须认真注意。

许多阀门具有方向性,例如截止阀、节流阀、减压阀、止回阀等。如果装倒装反,就会影响使用效果与寿命(如节流阀),或者根本不起作用(如减压阀),甚至造成危险(如止回阀)。一般阀门,在阀体上有方向标志;万一没有,应根据阀门的工作原理,正确识别。

截止阀的阀腔左右不对称,流体要让其由下而上通过阀口,这样流体阻力小(由形状所决定),开启省力(因介质压力向上),关闭后介质不压填料,便于检修。这就是截止阀为什么不可安反的道理。其他阀门也有各自的特性。

阀门安装的位置,必须方便于操作;即使安装暂时困难些,也要为操作人员的长期工作着想。最好阀门手轮与胸口取齐（一般离操作地坪1.2m），这样，开闭阀门比较省劲。落地阀门手轮要朝上，不要倾斜，以免操作别扭。靠墙机靠设备的阀门，也要留出操作人员站立余地。要避免仰天操作，尤其是酸碱、有毒介质等，否则很不安全。

闸阀不要倒装（即手轮向下），否则会使介质长期留存在阀盖空间，容易腐蚀阀杆，而且为某些工艺要求所禁忌。同时更换填料极不方便。明杆闸阀，不要安装在地下，否则由于潮湿而腐蚀外露的阀杆。

升降式止回阀，安装时要保证其阀瓣垂直，以便升降灵活。旋启式止回阀，安装时要保证其销轴水平，以便旋启灵活。减压阀要直立安装在水平管道上，各个方向都不要倾斜。

4.2.4.2 使用

手动阀门是使用最广的阀门，它的手轮或手柄，是按照普通的人力来设计的，考虑了密封面的强度和必要的关闭力。因此不能用长杠杆或长扳手来扳动。有些人习惯于使用扳手，应严格注意，不要用力过大过猛，否则容易损坏密封面，或扳断手轮、手柄。启闭阀门，用力应该平稳，不可冲击。某些冲击启闭的高压阀门各部件已经考虑了这种冲击力与一般阀门不能等同。对于蒸气阀门，开启前，应预先加热，并排除凝结水，开启时，应尽量徐缓，以免发生水击现象。当阀门全开后，应将手轮倒转少许，使螺纹之间严紧，以免松动损伤。对于明杆阀门，要记住全开和全闭时的阀杆位置，避免全开时撞击上死点，并便于检查全闭时是否正常。假如阀办脱落，或阀芯密封之间嵌入较大杂物，全闭时的阀杆位置就要变化。管路初用时，内部脏物较多，可将阀门微启，利用介质的高速流动，将其冲走，然后轻轻关闭（不能快闭、猛闭，以防残留杂质夹伤密封面），再次开启，如此重复多次，冲净脏物，再投入正常工作。

常开阀门，密封面上可能粘有脏物，关闭时也要用上述方法将其冲刷干净，然后正式关严。如手轮、手柄损坏或丢失，应立即配齐，不可用活络扳手代替，以免损坏阀杆四方，启闭不灵，以致在生产中发生事故。某些介质，在阀门关闭后冷却，使阀件收缩，操作人员就应于适当时间再关闭一次，让密封面不留细缝；否则，介质从细缝高速流过，很容易冲蚀密封面。操作时，如发现操作过于费劲，应分析原因。若填料太紧，可适当放松，如阀杆歪斜，应通知人员修理。有的阀门，在关闭状态时，关闭件受热膨胀，造成开启困难；如必须在此时开启，可将阀盖螺纹拧松半圈至一圈，消除阀杆应力，然后扳动手轮。

4.2.4.3 注意事项

① 200℃以上的高温阀门，由于安装时处于常温，而正常使用后，温度升高，螺栓受热膨胀，间隙加大，所以必须再次拧紧，叫做"热紧"，操作人员要注意这一工作，否则容易发生泄漏。

② 天气寒冷时，水阀长期闭停，应将阀后积水排除。蒸气阀停蒸气后，也要排除凝结水。阀底有如丝堵，可将它打开排水。

③ 非金属阀门，有的硬脆，有的强度较低，操作时，开闭力不能太大，尤其不能使猛劲。还要注意避免物件磕碰。

④ 新阀门使用时，填料不要压得太紧，以不漏为度，以免阀杆受压太大，加快磨损，而又启闭费劲。

4.2.5 常用阀门的认识

4.2.5.1 闸阀

闸阀（图4-7），是指启闭件（闸板）的运动方向与流体流动方向相垂直的阀门，常用的闸阀类型是平行式闸阀和契式闸阀。闸阀在管路中主要作切断用，即只能作全开和全关、不能作调节和节流。

图 4-7 闸阀

图 4-8 截止阀

闸阀的优点是体形简单、制造工艺性好，适用范围广，流体阻力小，开闭较省力，介质流向不受限制；不足之处是闸阀的外形尺寸和开启高度较大，安装所需空间较大，密封面在开闭过程中容易引起冲蚀和擦伤，维修较困难。

闸阀开闭时，顺时针方向旋转为逐渐关闭，逆时针方向旋转为逐渐打开。

4.2.5.2 截止阀

截止阀是关闭件（阀瓣）沿阀座中心线移动的阀门，见图 4-8。根据阀瓣的这种移动形式，阀座通口的变化与阀瓣的行程成正比例关系，因此这种类型的截流截止阀阀门非常适合用作为切断、调节以及节流作用。

截止阀阀体的结构形式有直通式、直流式和直角式。其中直通式最常见，但其流体的阻力最大；直流式流体阻力较小，多用于含固体颗粒或黏度大的流体；直角式阀体多采用锻造，适用于较小通经、较高压力的截止阀。

截止阀的优点是结构简单、制造工艺好、维修比较方便，工作行程小、启闭时间短，密封性好、密封面间磨擦力小因而耐用。截止阀的缺点是开启和关闭时较费力，流体阻力大。

截止阀的开闭方法与闸阀类似，即顺时针方向旋转为逐渐关闭，逆时针方向旋转为逐渐打开。

4.2.5.3 节流阀

节流阀的外形结构与截止阀并无区别，只是它们启闭件的形状有所不同，见图 4-9。节流阀的启闭件大多为圆锥流线型，通过它改变通道截面积而达到调节流量和压力。节流阀供在压力降极大的情况下作降低介质压力之用。

图 4-9 节流阀

图 4-10 旋塞阀

节流阀具有以下特点：构造较简单，便于制造和维修，成本低；调节精度不高，不能作调节使用；密封面易冲蚀，不能作切断介质用；密封性较差。

4.2.5.4 旋塞阀

旋塞阀（图4-10）又称考克，在阀体的中心孔内插入一栓塞，栓塞上有一孔，栓塞在阀体的孔内可以旋转，通过旋转90°使阀塞上的通道口与阀体上的通道口相通或分开从而实现旋塞阀的开启或关闭管路的作用。旋塞阀阀塞的形状可成圆柱形或圆锥形。在圆柱形阀塞中，通道一般成矩形；而在锥形阀塞中，通道成梯形。

旋塞阀结构简单，开关迅速，全开时对流体的阻力小，因此最适用于作为切断和接通介质以及分流介质的场合，亦适用于带悬浮颗粒的流体，但不能精确地调节流量。旋塞阀启闭时较费力，容易磨损，密封性也较差，所以通常只能用于低压（不高于1MPa）、低温（不超过120℃）和小口径（小于100mm）的场合。

4.2.5.5 球阀

球阀由旋塞阀演变而来，是指启闭件（球体）由阀杆带动，并绕阀杆的轴线作90°旋转运动的阀门，见图4-11。球阀主要用于切断、分配和改变介质流动方向，设计成V形开口的球阀还具有良好的流量调节功能。

图4-11 球阀

图4-12 止回阀

球阀的优点是流体阻力小，结构简单、体积小、重量轻，密封性好、能实现完全密封，耐侵蚀，开闭迅速、操作方便，维修方便，适用范围广、从高真空至高压力都可应用，可用于带悬浮固体颗粒的介质中。球阀的缺点是加工精度高、造价昂贵，高温中不易使用，如管道内有杂质易被堵塞导致阀门无法打开。

一般旋转90°启闭旋塞阀和球阀时，当扳杆与管路方向平行时为全开，扳杆与管路方向垂直时为关闭，旋转时需注意阀杆上的卡口，以避免不正确的开闭方向损坏阀门。

4.2.5.6 止回阀

止回阀又称单向阀或逆止阀，是指启闭件靠介质流动和力量自行开启或关闭以防止介质倒流的阀门，见图4-12。止回阀属于自动阀类，主要用于介质单向流动的管道上，只允许介质向一个方向流动，以防止管路中的介质倒流、防止泵及驱动电机反转以及容器介质的泄漏。

4.2.5.7 蝶阀

蝶阀又叫翻板阀，见图4-13，是指启闭件（阀瓣或蝶板）为圆盘，围绕阀轴旋转来达到开启与关闭的一种阀，在管道上主要起切断和节流作用。蝶阀主要由阀体、阀杆、蝶板和密封圈组成，其工作原理是蝶板由阀杆带动，若转过90°，便能完成一次启闭，改变蝶板的偏转角度，即可控制介质的流量。蝶阀全开到全关通常小于90°，蝶阀和蝶杆本身没有自锁能力，通过在阀杆上加装蜗轮减速器使蝶板具有自锁能力，使蝶板停止在任意位置上，并能改善阀门的操作性能。

4 化工实验常用的管件和阀门 45

图 4-13 蝶阀

图 4-14 安全阀

蝶阀具有如下优点：启闭方便迅速、省力，可以经常操作；结构简单，外形尺寸小，结构长度短，体积小，重量轻，适用于大口径的阀门；可以运送泥浆，在管道口积存液体最少；低压下可以实现良好的密封；调节性能好；全开时阀座通道有效流通面积较大，流体阻力较小；密封面材料一般采用橡胶、塑料、故低压密封性能好。蝶阀的缺点是使用压力和工作温度范围小、密封性较差。

4.2.5.8 安全阀

安全阀，见图 4-14，是一种安全保护用阀，它的启闭件受外力作用下处于常闭状态，当设备或管道内的介质压力升高，超过规定值时自动开启，通过向系统外排放介质来防止管道或设备内介质压力超过规定数值。安全阀属于自动阀类，主要用于锅炉、压力容器和管道上，控制压力不超过规定值，对人身安全和设备运行起重要保护作用。

4.2.5.9 减压阀

减压阀是通过调节将进口压力减至某一需要的出口压力，并依靠介质本身的能量，使出口压力自动保持稳定的阀门，见图 4-15。从流体力学的观点看，减压阀是一个局部阻力可以变化的节流元件，即通过改变节流面积，使流速及流体的动能改变，造成不同的压力损失，从而达到减压的目的，然后依靠控制与调节系统的调节，使阀后压力的波动与弹簧力相平衡，使阀后压力在一定的误差范围内保持恒定。

4.2.5.10 疏水阀

蒸气疏水阀的基本作用是将蒸气系统中的凝结水、空气和二氧化碳气体尽快排出；同时最大限度地自动防止蒸气的泄露。疏水阀在蒸气加热系统中起到阻气排水作用，见图 4-16。

图 4-15 减压阀

图 4-16 疏水阀

5 化工原理实验数据处理软件使用介绍

5.1 学生使用方法介绍

化工原理实验数据处理软件学生操作流程见图 5-1,详述于下。

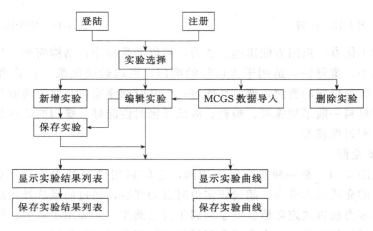

图 5-1 软件学生操作流程图

5.1.1 登录与注册

(1) 身份确认 进入软件登录画面,见图 5-2,首先选择登录身份,学生用户请选择"学生"。

(2) 注册 第一次使用本软件的学生需要先进行注册,以便在系统中留下有关信息。方法是点击【注册】按钮,弹出注册对话框,如图 5-3 所示。在对话框中输入学号等有关信息,其中"学号"、"密码"、"密码确认"是必填信息,其他为选填信息。点击【确定】,在确认无误后保存。

(3) 登录 已经注册的学生用户,在下次进入登录画面(图 5-2)的时候,可以直接输入学号和密码,并点击【登录】按钮进入系统。

5.1.2 实验选择

学生登录进入数据处理软件后会弹出如图 5-4 所示实验选择界面,点击相应实验名称按钮进入数据处理环节。

5.1.3 实验原始数据输入与编辑

5.1.3.1 新增实验

① 实验原始数据输入 学生可以点击工具栏上新增实验按钮 ![btn], 或选择菜单【实验原始数据】→【新增实验】以清空"实验原始数据表",然后即可在表上输入实验原始数据。按钮【插入一行】和【删除一行】用于在输入时插入一个空白数据行和删除一个数据行。登

图 5-2　软件学生登录身份确认界面

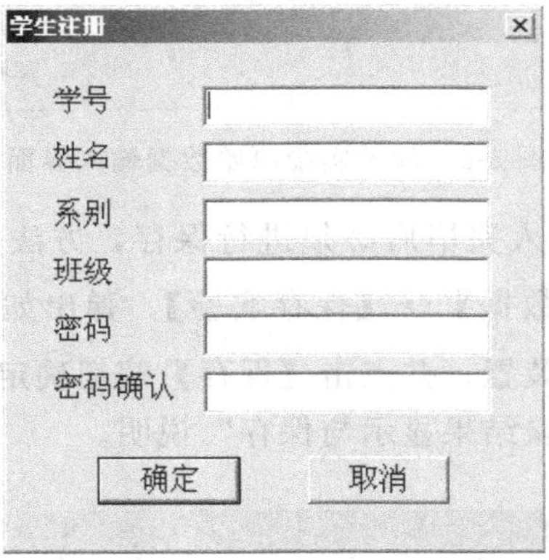

图 5-3　软件学生注册界面

图 5-4　软件实验选择界面

录后首次进入主界面时，系统自动处于新增实验状态，可以直接输入实验数据，见图5-5。

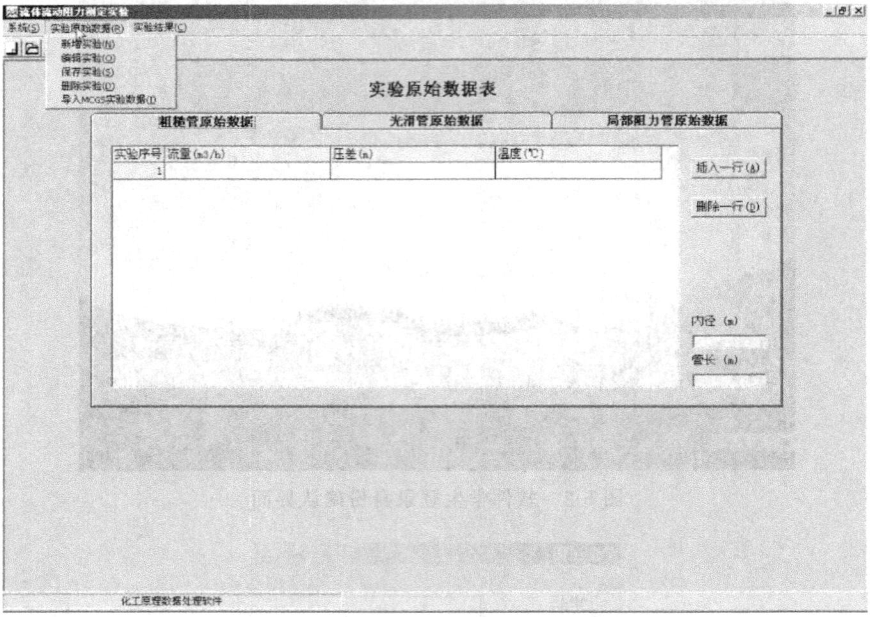

图5-5 软件实验原始数据输入界面

② 实验保存 实验数据输入完毕后必须进行保存，方法是点击工具栏上实验保存按钮 ，或选择菜单【实验原始数据】→【保存实验】，弹出如图5-6所示对话框。从装置下拉式列表中选择实验所使用的装置，并点击【保存】按钮确定。实验保存后就可以查看实验结果和曲线，具体操作见"实验结果显示与保存"说明。

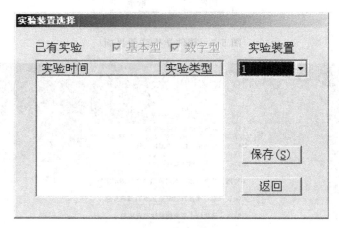

图5-6 软件保存实验界面

5.1.3.2 编辑实验

① 实验打开 要对已有的实验进行编辑或查看实验结果和曲线需要先打开实验，方法是点击工具栏上编辑实验按钮 ，或选择菜单【实验原始数据】→【编辑实验】，弹出如图5-7所示对话框，从实验装置下拉列表中选择装置，然后在实验列表中选择所要打开的实验，点击【打开】按钮打开实验。实验类型中，"基本型"表示用户手动输入数据的实验，

"数字型"表示从 MCGS 导入数据的实验。

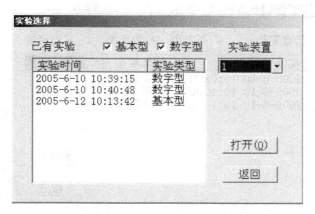

图 5-7　软件打开实验界面

② 实验数据编辑修改　实验打开后,可以直接在"实验原始数据表"上对实验数据进行修改,见图 5-8。要保存修改后的结果,请点击工具栏上实验保存按钮 ![save], 或选择菜单【实验原始数据】→【保存实验】,确认之后保存。另外,实验打开后可以对该实验的结果和曲线进行查看和保存,具体操作见"实验结果显示与保存"说明。

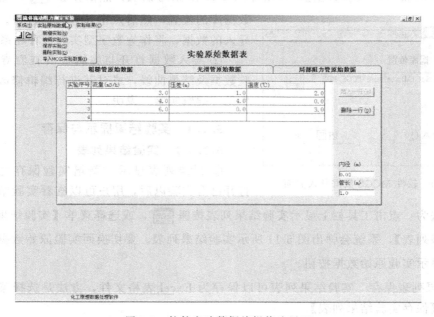

图 5-8　软件实验数据编辑修改界面

注意：实验数据编辑时,数字型实验只能对实验中数据条目进行删除,而不能修改或新增数据条目。

5.1.3.3　删除实验

要删除已有的实验,选择菜单【实验原始数据】→【删除实验】,弹出如图 5-9 所示对话框,从实验装置下拉列表中选择装置,然后在实验列表中选择所要删除的实验,点击【删除】按钮,确认之后删除实验。

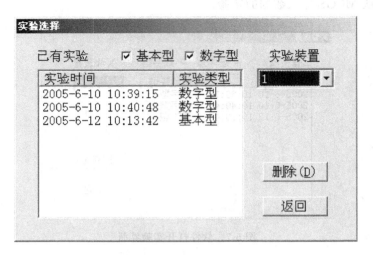

图 5-9　软件删除实验界面

5.1.3.4　MCGS 数据导入

① MCGS 数据导入　要导入监控软件采集的 MCGS 实验数据，选择菜单【实验原始数据】→【导入 MCGS 实验数据】，弹出如图 5-10 所示对话框，点击按钮 ▭，选择 MCGS 数据库的位置，然后点击【导入】按钮。从 MCGS 导入的数据，将作为数字型实验保存在系统中。

② 导入数据打开与编辑　要查看导入后的实验数据及结果曲线，或对其进行编辑修改，具体操作见"编辑实验"说明。

图 5-10　软件 MCGS 数据导入界面

5.1.4　实验结果显示与保存

5.1.4.1　实验结果列表

① 结果列表显示　新增实验保存之后，或者打开已有实验以后，用户可以查看实验结果的数据列表，方法为：点击工具栏上显示实验结果列表按钮 ▭，或选择菜单【实验结果】→【显示实验结果列表】，系统会弹出图 5-11 所示实验结果列表。要切换回实验原始数据表，点击工具栏上显示实验原始数据按钮 ▭。

② 结果列表保存　实验结果列表可以保存为 Excel 表格文件，方法是选择菜单【实验结果】→【保存实验结果列表】。

5.1.4.2　实验曲线

① 曲线显示　新增实验保存之后，或者打开已有实验以后，用户也可以查看实验结果曲线，方法是：点击工具栏上显示实验曲线按钮 ▭，或选择菜单【实验结果】→【显示实验曲线】，系统会弹出图 5-12 所示实验结果曲线。要切换回实验原始数据表，点击工具栏上显示实验原始数据按钮。

② 曲线保存　实验曲线可以保存为 bmp 图像文件：选择菜单【实验结果】→【保存实验曲线】。

5 化工原理实验数据处理软件使用介绍　　　　　　　　　　　　　　　　　　　　51

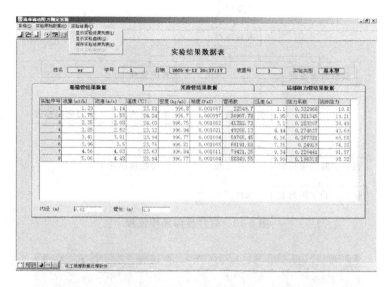

图 5-11　软件实验结果数据列表界面

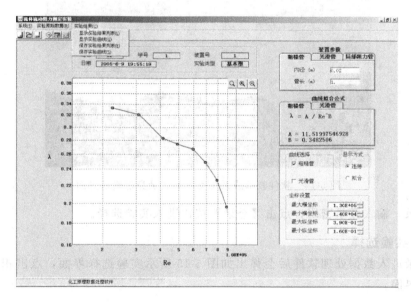

图 5-12　软件实验结果曲线显示界面

5.2　教师（管理员）使用方法介绍

化工原理实验数据处理软件教师操作流程见图 5-13。

5.2.1　登录

(1) 身份确认　进入软件登录画面，见图 5-14，首先选择登录身份，教师或系统管理员请选择"教师"。

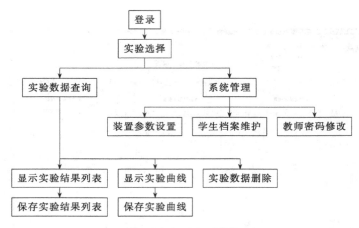

图 5-13　软件教师操作流程

图 5-14　软件教师或系统管理员登录身份确认界面

（2）登录　输入登录密码，点击【登录】按钮进入实验选择。

5.2.2　实验选择

教师登录进入数据处理软件后会弹出如图 5-15 所示实验选择界面，点击相应实验名称按钮进入主界面。

5.2.3　实验数据查询与管理

选择实验后，进入主界面如图 5-16 所示。

（1）实验数据查询　教师可以对学生的实验数据进行检索查询，方法是：在图 5-16 所示的界面上先设定检索条件，然后点击【查询】按钮，此时弹出满足条件的所有实验数据，见图 5-17。默认检索条件是检索当前实验下的所有实验数据，要恢复到默认检索条件，点【重置】按钮。

（2）实验结果显示保存　见图 5-18，教师可以查看实验数据的结果和曲线，方法是点击选择数据列表中某一行的数据，然后相关工具栏按钮和菜单项就会变成有效。具体操作见学生使用手册中的"实验结果显示与保存"说明。

5 化工原理实验数据处理软件使用介绍

图 5-15　软件实验选择界面

图 5-16　软件主界面图

图 5-17 软件实验数据检索查询界面

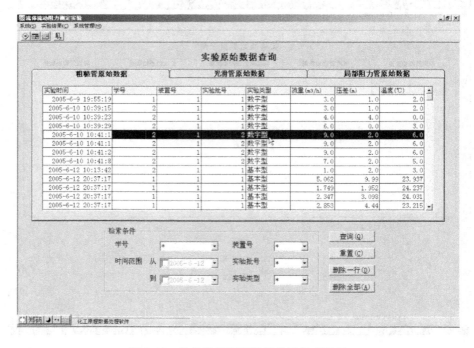

图 5-18 软件教师实验结果显示保存界面

（3）实验数据删除　见图 5-18，点击选择数据列表中某一行数据，然后点击【删除一行】按钮，可以删除该行数据；点击【删除全部】按钮，可以将检索到的全部实验数据删除。

5.2.4　系统管理
5.2.4.1　装置参数设置
选择菜单【系统管理】→【装置参数设置】，弹出如图 5-19 所示对话框。

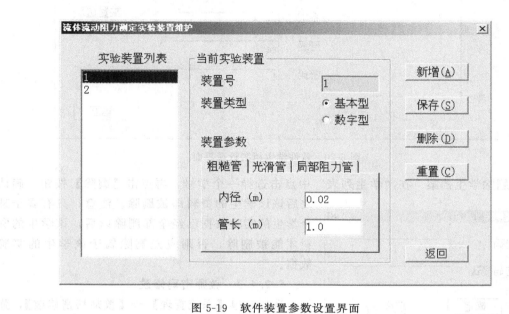

图 5-19　软件装置参数设置界面

① 新增装置　要添加实验装置，在"装置号"中输入新装置的装置号，并输入装置的具体参数。新装置号必须与已有装置不相同，装置参数必须全部输入。然后点击【新增】按钮。

② 修改装置参数　在"装置参数列表"中点击选择一个装置，该装置的参数即显示在"装置参数"的有关栏目中。修改有关栏目的具体数值，然后点击【修改】按钮，确认之后新的参数即被保存。

③ 删除装置　在"装置参数列表"中点击选择一个装置，再点击【删除】按钮，确认之后该装置即被删除。注意，只有属于某个装置的实验数据已经全部删除以后，该装置才能被删除，否则应先删除属于该装置的实验数据。

5.2.4.2　学生档案维护
选择菜单【系统管理】→【学生档案维护】，弹出如图 5-20 所示对话框。

① 新增学生档案　要添加某个学生的档案，在"学生档案"的相应栏目中输入该学生的有关信息。其中"学号"必须输入，并与已有学生的学号不相同。然后点击【新增】按钮。

② 修改学生档案　在"学生列表"中点击选择一个学号，该学号的学生资料即显示在"学生档案"的有关栏目中。修改有关栏目的具体内容，然后点击【修改】按钮，确认之后新的学生信息即被保存。

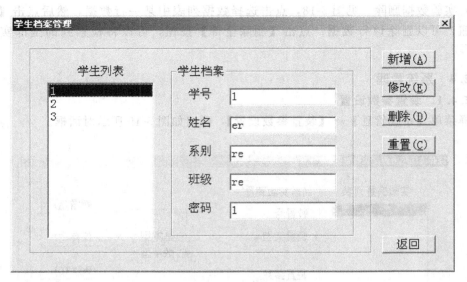

图 5-20　软件学生档案管理界面

③ 删除学生档案　在"学生列表"中点击选择一个学号,再点击【删除】按钮,确认之后该该学生的资料即被删除。注意,只有属于某个学生的实验数据已经全部删除以后,该学生的资料才能被删除,否则应先删除属于该学生的实验数据。

5.2.4.3　教师密码修改

选择菜单【系统管理】→【教师秘密修改】,弹出如图 5-21 所示对话框。分别输入新密码和确认密码,点击【确定】按钮。新密码和确认密码必须一致。

图 5-21　软件教师密码修改界面

6 实 验 部 分

6.1 雷 诺 实 验

6.1.1 实验目的
(1) 观察流体在管内流动的不同流动类型，观察流体流动不同流动类型的转变过程，建立流体流动类型的直观感性认识。
(2) 学会雷诺数的测定方法，测定临界雷诺数 Re_c。
(3) 观察流体在圆管内层流流动和湍流流动时流体质点的速度分布。
(4) 了解转子流量计测定流量的原理和方法。

6.1.2 实验原理
流体流动有两种基本的不同类型，即层流（或称滞流，laminar flow）和湍流（或称紊流，turbulent flow），这一现象最早由英国科学家奥·雷诺（Osborne Reynolds）于1883年通过实验发现。流体作层流流动时，其流体质点仅沿着平行于管轴的方向作直线运动，在其他方向上无脉动；流体作湍流流动时，其流体质点除了沿着管轴方向作向前运动外，在宏观上还紊乱地向其他各个方向作随机的不规则的运动，即有径向脉动。

流体流动的实际类型可用雷诺数 Re 来判断，雷诺数是由影响流动类型的各变量组合而成的量纲为1的数群，其值不会因采用不同的单位制计算而不同，但需注意，数群中各物理量必须采用同一单位制。若流体在圆形直管内流动，则雷诺数可用式(6-1)表示：

$$Re = \frac{du\rho}{\mu} \tag{6-1}$$

式中　Re——雷诺数，量纲为1；
　　　d——管子内径，m；
　　　u——流体在管内的平均流速，m/s；
　　　ρ——流体密度，kg/m³；
　　　μ——流体黏度，Pa·s。

流体流动类型开始转变时的雷诺数称为临界雷诺数，又分为上临界雷诺数和下临界雷诺数。上临界雷诺数 $Re_上$ 表示超过此雷诺数的流动必为湍流，其值很不确定，跨越一个较大的取值范围。有实际意义的是下临界雷诺数 $Re_下$，表示低于此雷诺数的流动必为层流，有确定的取值。

工程上一般认为，当 $Re \leqslant Re_下 = 2000$ 时流体流动类型属于层流；当 $Re \geqslant Re_上 = 4000$ 时流动类型属于湍流；当 Re 在 2000～4000 范围内，流动处于一种不稳定的过渡状态，可能是层流，也可能是湍流，或者是两者交替出现，取决于外界干扰条件，如噪声、震动等。

式(6-1)表明，对于一定温度的流体，在特定的圆管内流动，雷诺数仅与流体流速有关。本实验通过调节管路上阀门的开度大小来改变流体在管内的速度，通过观察示踪流体的流动现象来观察流体的流动类型，通过管路中流体流量的测定和流体温度的测定进一步计算得到雷诺数。

流体具有黏性,所以流动时流体质点的速度在管截面不同管径处是不同的,流体质点在管中心的流速最大,愈靠近管壁流速愈慢,管壁处流速为零。理论分析和实验表明,层流时流体质点的速度沿管径按抛物线的规律分布,湍流时由于流体质点的强烈分离与混合,使截面上靠管中心部分各点速度彼此扯平,速度分布比较均匀,呈现出舌形分布。

6.1.3 实验装置及流程

实验装置如图 6-1 所示,主要由玻璃实验管、流量计、流量调节阀、低位储水槽、循环水泵、稳压溢流槽等部分组成,实验主管路为 $\phi 20\text{mm} \times 2\text{mm}$ 硬质玻璃。

实验以水为流动介质,低位储水槽内的水由自来水管供给,实验时水由低位储水槽经循环泵送至高位稳压溢流水槽,然后流经缓冲槽进入玻璃实验管,经转子流量计计量、流量调节阀调节流量后重新流回低位储水槽循环使用。示踪流体蓝墨水由墨水储槽经墨水连接管和细孔玻璃注射管(或注射针头)送入玻璃实验管管中心,墨水流量由墨水调节旋塞调节。

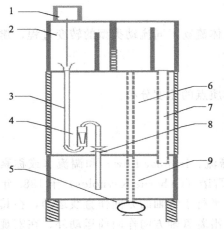

图 6-1 雷诺实验装置
1—蓝墨水储槽;2—稳压溢流槽;
3—实验管;4—转子流量计;
5—循环泵;6—上水管;
7—溢流回水管;8—调节阀;
9—储水槽

6.1.4 实验步骤及注意事项

6.1.4.1 实验步骤

① 将水充满低位储水槽,关闭流量计后的调节阀,启动循环水泵。待水充满稳压溢流水槽后,开启流量计后的调节阀,设法排尽管路系统中的气泡,可通过开大水流量使水流快速流过以冲走气泡。实验时水流量的大小,可边观察流量计边由调节阀调节。

② 先少许开启调节阀,将流速调至所需要的值。再调节蓝墨水储瓶的下口旋塞,并作精细调节,使蓝墨水的注入流速与玻璃实验管中主体流体的流速相适应,一般略低于主体流体的流速为宜。此时,在玻璃实验管的轴线上可观察到一条平直的蓝色细流,好像一根拉直的蓝线,记录主体流体的流量、温度和实验现象。

③ 逐渐缓慢地增大调节阀的开度,使水通过玻璃实验管的流速平稳地增大,直至玻璃实验管内直线流动的蓝色细流开始发生波动,记录水的流量、温度和实验现象,用于计算下临界雷诺数。

④ 继续缓慢地加大调节阀的开度,使水流量平稳地增大,玻璃实验管内的流速也随之平稳地增大。此时可观察到,玻璃实验管轴线上呈直线流动的蓝色细流,开始发生波动;随着流速的增大,蓝色细流的波动程度也随之增大,最后断裂成一段段的蓝色细流;当流速继续增大时,蓝墨水进入玻璃实验管后立即呈烟雾状分散在整个玻璃管内,进而迅速与主体水流混为一体,使整个管内流体染为蓝色,以致无法辨别蓝墨水的流线,这表明流体的流动类型已进入湍流区域,记录下实验现象刚好发生此转变时水的流量、温度和实验现象,用于计算上临界雷诺数。

⑤ 反复进行数次实验操作至少 5~6 次,以便获得较为准确的临界雷诺数。

⑥ 继续增大调节阀的开度,此时可观察到蓝墨水进入玻璃实验管后立即分散与主体水流混为一体,使整个管内流体染为蓝色,表明流体的流动类型为稳定湍流。记录下一种湍流流动类型下的水流量、温度和实验现象。

⑦ 关闭蓝墨水调节阀,待玻璃管中的蓝色消失后关闭水流量调节阀。

⑧ 迅速打开蓝墨水调节旋塞,待蓝墨水在玻璃管内积有一定量后关闭墨水旋塞。再迅速打开水流量调节阀使水处于层流流动,观察蓝墨水团前端的界限,可见形成一旋转抛物面。

⑨ 待玻璃实验管内的蓝色消失后关闭水流量调节阀,重复步骤⑧,并使水处于稳定湍流流动,此时可观察到蓝墨水团前端的界限在管中心处较为平坦,基本呈现为舌形。

⑩ 实验结束,关闭墨水储槽的下口调节旋塞,停泵,打开装置上的排水阀,待水排净后关闭流量调节阀,实验装置恢复原状。

6.1.4.2 注意事项

① 实验用的水应清洁,蓝墨水的密度应与水相当。

② 实验中墨水经由连接软管和注射针头注入玻璃实验管,应注意适当调节注射针头的位置,使针头位于管轴线上为佳。墨水的注入速度应与主体流体流速相近(略低些为宜),因此,随着水流速的增加,应相应细心地调节墨水的注射流量,才能得到较好的实验结果。

③ 实验过程中,随时注意观察高位稳压溢流槽的溢流水量,应使溢流量尽可能小,因为溢流大时,上水的流量也大,上水和溢流两者造成的震动较大,影响实验结果。

④ 实验过程中,切勿碰撞设备,实验操作应轻巧缓慢,以免干扰流体流动过程的稳定性。

6.1.5 实验原始数据记录

记录实验原始数据,见表6-1。

实验日期_____ 管径_____

表6-1 实验原始数据记录表

序号	流动类型	流量 V_s/(L/h)	温度 t/℃	现象
1	层流			
2	下临界			
3	上临界			
4	湍流			

6.1.6 实验结果及分析报告

(1) 根据实验现象描述层流流动和湍流流动的特点。

(2) 计算临界雷诺数,并与经验值比较,分析可能的误差来源。

6.1.7 思考题

(1) 流体流动的基本类型有哪些?影响流体流动类型的因素有哪些?

(2) 实验时为什么墨水的注入流速要与玻璃实验管中主体流体的流速相适应?

(3) 实验过程中哪些环境扰动会导致稳定的流动类型突然发生改变,为什么?

(4) 工业生产时不能直接观察流体的流动类型,可以用什么方法来判断流体流动类型?

(5) 研究流体流动类型对化工生产过程有何实际意义?

6.1.8 附实验数据处理表

见表 6-2。

表 6-2 实验数据处理表

序号	流动类型	流量 V_s/(L/h)	温度 t/℃	现象	雷诺数 Re
1	层流				
2	下临界				
3	上临界				
4	湍流				

6.2 流体机械能转换实验

6.2.1 实验目的

（1）观察不可压缩流体在管内流动时各种形式机械能的相互转换现象，熟悉流体流动时各种能量和压头的概念及其相互转换关系，加深对柏努利方程的理解。

（2）定量考察流体流经收缩、扩大管段时流体流速与管径的关系，验证流体流动过程中的物料衡算式——连续性方程。

（3）观测动、静、位压头随管径、位置、流量的变化情况，验证流体流动过程中的机械能衡算式——柏努利方程。

（4）定性观察流体流经节流件、弯头等的压头损失情况。

（5）掌握皮托（Pitot）管测速的工作原理。

6.2.2 实验原理

化工生产中，流体的输送多在密闭的管道中进行，因此研究流体在管内的流动是化学工程的一个重要课题。任何流动的流体，仍然遵守质量守恒定律和能量守恒定律，这是研究流体力学性质的基本出发点。

6.2.2.1 连续性方程

流体在管内稳态流动时的质量守恒形式表现为如下的连续性方程：

$$\rho_1 u_1 A_1 = \rho_2 u_2 A_2 \tag{6-2}$$

式中　　ρ——流体密度，kg/m^3；

u——流体在管内的平均流速，m/s；

A——流体流通截面积，m^2；

下标 1、2——上、下游截面。

对于均质、不可压缩流体，$\rho_1 = \rho_2 = $ 常数，则式(6-2) 可简化为

$$u_1 A_1 = u_2 A_2 \tag{6-3}$$

可见，对均质、不可压缩流体，平均流速与流通截面积成反比，即面积越大，流速越小；反之，面积越小，流速越大。

若流体在圆管内流动，则有 $A = \pi d^2/4$，d 为直径，于是式(6-3) 可转化为：

$$u_1 d_1^2 = u_2 d_2^2 \tag{6-4}$$

6.2.2.2 机械能衡算方程

流体流动时除了遵循质量守恒定律以外，还应满足能量守恒定律。对于均质、不可压缩

流体，在管路内稳态流动时，其机械能衡算方程（以单位重量流体为基准）为：

$$Z_1 + \frac{u_1^2}{2g} + \frac{p_1}{\rho g} + H_e = Z_2 + \frac{u_2^2}{2g} + \frac{p_2}{\rho g} + H_f \tag{6-5}$$

式中　Z——管路上截面中心至某基准水平面的垂直距离，m；

　　　p——管路上截面的压强，Pa；

　　　H_e——外加压头，m；

　　　H_f——压头损失，m；

　　　g——重力加速度，m/s²。

式(6-5)中各项均具有长度的量纲，Z 称为位压头，$u^2/2g$ 称为动压头，$p/\rho g$ 称为静压头。

若流体流动过程中没有外加功的加入，则式(6-5)可进一步简化为：

$$Z_1 + \frac{u_1^2}{2g} + \frac{p_1}{\rho g} = Z_2 + \frac{u_2^2}{2g} + \frac{p_2}{\rho g} + H_f \tag{6-6}$$

若为理想流体即无黏性的流体，则有 $H_f = 0$，若此时又无外加功加入，则机械能衡算方程式(6-5)变为：

$$Z_1 + \frac{u_1^2}{2g} + \frac{p_1}{\rho g} = Z_2 + \frac{u_2^2}{2g} + \frac{p_2}{\rho g} \tag{6-7}$$

式(6-7)为理想流体的柏努利方程。该式表明，理想流体在流动过程中总机械能即位能、动能、静压能之和保持不变。

若流体静止，则 $u = 0$，没有流动自然就没有能量损失即 $H_f = 0$，此时也不需要外加功加入即 $H_e = 0$，于是机械能衡算方程式(6-5)变为：

$$Z_1 + \frac{p_1}{\rho g} = Z_2 + \frac{p_2}{\rho g} \tag{6-8}$$

式(6-8)即为流体静力学方程式，可见流体静止状态是流体流动的一种特殊形式。

静压头可用单管压差计中液面的高度来表示，若测压直管中的小孔（测压孔）正对来流方向，则测压管中的液柱高度表示静压头和动压头之和，位压头由截面中心所处的几何高度确定。流体在管内稳态流动时，如果管路的截面积和几何高度发生变化，必将引起流体各种机械能的变化，因此，通过观测各单管压差计中液柱高度的变化，可直观地观察到这些能量之间的转换关系。对于实际流体，任意两截面上的总机械能并不相等，两者之差即为机械能损失。

6.2.3　实验装置及流程

见图 6-2。

本实验装置为有机玻璃材料制作的管路系统，通过泵使流体循环流动。管路内径为 30mm，节流件变截面处管内径为 15mm。

本实验以水为实验流体，水由下水槽经循环泵加压送入上水槽，之后水流入由有机玻璃材料制作的管路系统，最后回入下水槽循环使用。管路上装有单管压差计、节流件、弯头、转子流量计、流量调节阀。单管压差计 1 和 2 可用于验证变截面连续性方程，单管压差计 1 和 3 可用于比较流体经节流件后的能量损失，单管压差计 3 和 4 可用于比较流体经弯头和流量计后的能量损失及位能变化情况，单管压差计 4 和 5 可用于验证直管段雷诺数与流体流动摩擦阻力系数关系，单管压差计 6 与 5 配合使用，用于测定单管压差计 5 处的中心点速度。

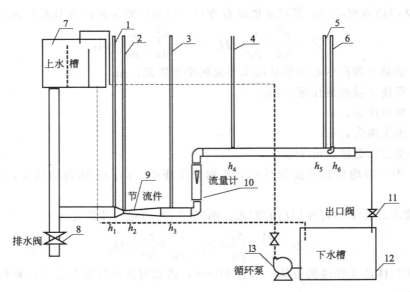

图 6-2 流体机械能转换实验装置图

1～6—单管压差计；7—上水槽；8—排水阀；9—节流件；10—流量计；
11—出口流量调节阀；12—下水槽；13—循环泵

6.2.4 实验步骤及注意事项

6.2.4.1 实验步骤

① 检查下水槽排水阀使处于关闭状态，由自来水管在下水槽中加满清水。检查实验管路排水阀使处于关闭状态，启动循环泵，立即开启循环泵后管路上的阀门，将水由下水槽输送至高位上水槽中，使整个实验管路充满流体。实验整个过程应保持上水槽液位处于一定高度，可使上水槽保持有稍许溢流，可通过水泵后阀控制高位上水槽的液位高度，以保证整个系统处于稳定流动状态。

② 检查实验管路和各单管测压管中是否有空气，可打开实验管路上的调节阀，让水流冲走空气。充分排气后关闭出口调节阀，观察流体静止状态时各单管压差计读数并记录。

③ 通过出口阀调节管内流量，注意保持上水槽液位高度稳定，并尽可能使转子流量计读数在刻度线上。观察、记录各单管压差计读数和流量值。

④ 改变流量，观察各单管压差计读数随流量的变化情况。重复操作，记录5～6组不同流量下的数据。实验时可观察到各对单管测压管中水柱高度差随流体流量的增大而增大，同时各测压管中水柱高度比静止时低，说明当流量增大时，管截面上流速随之增大，动压头增大，这就需要更多的静压头转换为动压头，表现为各对测压管中的水柱高度差加大。同时，各测压管中水柱高度随流体流量的增大而下降，说明流体流动过程中能量损失随流体流速的增大而增大。

⑤ 测出水温。

⑥ 实验结束，关闭循环泵的出口阀，再关闭循环泵电源开关，全开出口调节阀排尽实验管路系统内流体，之后打开管路排水阀排空管内沉积段流体，打开下水槽排水阀排空槽内流体。

6.2.4.2 注意事项

① 每次实验开始前，需先清洗整个管路系统，即先使管内流体流动数分钟，检查阀门、

管段有无堵塞或漏水情况。

② 实验前一定要将实验管和测压管中的空气排尽，否则会影响实验现象和测量的准确性。

③ 实验过程中需根据测压管量程范围确定最大和最小流量。

④ 实验过程中注意每改变一个流量，需给予系统一定的稳流时间，方可读取数据。

6.2.5 实验原始数据记录

记录实验原始数据，见表6-3。

实验日期：_____ 管路内径：_____ 节流件变截面：_____ 水温：_____

表6-3 流体机械能转换实验原始数据记录

序号	流量 V/(L/h)	压差计1 h_1/cm	压差计2 h_2/cm	压差计3 h_3/cm	压差计4 h_4/cm	压差计5 h_5/cm	压差计6 h_6/cm
1 ...							

6.2.6 实验结果及分析报告

(1) 比较单管压差计高度 h_1 和 h_2，验证连续性方程。

(2) 分析单管压差计高度 h_1 和 h_3，比较流体流经节流件的能量损失。

(3) 分析单管压差计高度 h_3 和 h_4，比较流体流经弯头、流量计等管件的能量损失。

(4) 分析单管压差计高度 h_4 和 h_5，比较流体流经直管的能量损失和流速间的关系，进一步计算得到摩擦阻力系数与雷诺数之间的关系。

(5) 分析单管压差计高度 h_5 和 h_6，并计算得到流体流量。

6.2.7 思考题

(1) 为什么实验过程中需保持高位上水槽液面有稍许溢流？

(2) 实验单管压差计1～6中的液柱高度的各表示什么物理意义？

(3) 实验中改变流量后，如何判断流动系统又重新达到稳定？

(4) 流量增大后，单管测压管1、3的高度差如何变化？

(5) 为什么随流量增大，单管压差计中液柱高度会下降？

(6) 不可压缩流体在水平不等径的管内流动时，流速和管径的关系如何？

(7) 如何利用单管压差计5、6测定截面上流体的平均流速？

(8) 实验测压点1～5处的总机械能的关系是什么？

(9) 从实验中观察到的现象解释流体在直管内流动的速度与摩擦阻力损失的变化关系。

(10) 流体静止时，各单管测压计液柱高度是否相等？各测压点的压强是否相等？

6.2.8 实验数据处理表

见表6-4。

表6-4 流体机械能转换实验数据处理

序号	实验原始数据记录部分						
	流量 V_s/(L/h)	压差计1 h_1/cm	压差计2 h_2/cm	压差计3 h_3/cm	压差计4 h_4/cm	压差计5 h_5/cm	压差计6 h_6/cm
1 ...							

续表

序号	实验数据处理部分					
	流量计算值 V'_s/(L/h)	u_2/u_1	H_{f13}/m	H_{f34}/m	Re	λ
1 ...						

6.3 流体流动阻力的测定

6.3.1 实验目的

(1) 掌握测定流体流经直管、管件和阀门时阻力损失的一般实验方法。

(2) 测定流体流经直管时的摩擦阻力损失,并确定摩擦阻力系数 λ 与雷诺数 Re 的关系,验证在一般湍流区内 λ 与 Re 的关系曲线。

(3) 测定流体流经管件、阀门时的局部阻力系数 ξ。

(4) 学会压差计和流量计的使用方法。

(5) 辨识组成管路的各种管件、阀门,并了解其作用。

(6) 学会对数坐标纸的用法。

6.3.2 实验原理

流体通过由直管、管件(如三通和弯头等)和阀门等组成的管路系统时,由于黏性剪应力和涡流应力的存在,要损失一定的机械能。流体流经直管时所造成的机械能损失称为直管阻力损失,流体通过管件、阀门等部件时因流体流动方向和速度大小改变所引起的机械能损失称为局部阻力损失。

6.3.2.1 直管阻力摩擦系数 λ 的测定

由流体流动的机械能衡算式柏努利方程可知,流体在水平等径直管中稳态流动时,由截面1流动至截面2的阻力损失表现为压力的降低,即:

$$h_f = \frac{\Delta p_f}{\rho} = \frac{p_1 - p_2}{\rho} = \lambda \frac{l}{d} \times \frac{u^2}{2} \tag{6-9}$$

即

$$\lambda = \frac{2d(p_1 - p_2)}{\rho l u^2} = \frac{2d\Delta p}{\rho l u^2} \tag{6-10}$$

式中 λ ——直管阻力摩擦系数,量纲为1;

d ——直管内径,m;

Δp_f ——流体流经 l(m) 直管的压强降,Pa;

h_f ——单位质量流体流经 l(m) 直管的机械能损失,J/kg;

ρ ——流体密度,kg/m³;

l ——直管长度,m;

u ——流体在管内流动的平均流速,m/s;

Δp ——直管前后端截面1、2的压差,$\Delta p = p_1 - p_2$,Pa。

滞流(层流)时,有:

$$\lambda = \frac{64}{Re} \tag{6-11}$$

$$Re = \frac{du\rho}{\mu} \tag{6-12}$$

式中 Re——雷诺数，量纲为 1；
μ——流体黏度，Pa·s。

湍流时 λ 是雷诺数 Re 和管子相对粗糙度（ε/d）的函数，须由实验确定。根据经验，对于光滑管，有柏拉修斯（Blasius）公式：

$$\lambda = \frac{0.3164}{Re^{0.25}} \tag{6-13}$$

式(6-13)适用范围为 $Re = 3 \times 10^3 \sim 1 \times 10^5$。

对于粗糙管，当 $\dfrac{d/\varepsilon}{Re\sqrt{\lambda}} < 0.005$ 时有柯尔布鲁克（Colebrook）公式：

$$\frac{1}{\sqrt{\lambda}} = 2\lg\frac{d}{\varepsilon} + 1.14 - 2\lg\left(1 + 9.35\frac{d/\varepsilon}{Re\sqrt{\lambda}}\right) \tag{6-14}$$

当 $\dfrac{d/\varepsilon}{Re\sqrt{\lambda}} > 0.005$ 时有尼库拉则（Nikuradse）与卡门（Karman）公式：

$$\frac{1}{\sqrt{\lambda}} = 2\lg\frac{d}{\varepsilon} + 1.14 \tag{6-15}$$

由式(6-10)可知，欲测定 λ，需确定 l、d，测定 Δp、u、ρ、μ 等参数。l、d 为装置参数（装置参数表格中给出）；ρ、μ 通过测定流体温度，再查有关手册而得；u 通过测定流体流量，再由管径计算得到。

如果实验装置采用涡轮流量计测流量 V_s，则流速 u 可用式(6-16)计算：

$$u = \frac{V_s}{\frac{\pi}{4}d^2} \tag{6-16}$$

Δp 可用 U 形管、倒置 U 形管、测压直管等液柱压差计测定，或采用差压变送器和二次仪表显示。

当采用 U 形管液柱压差计时，有：

$$\Delta p = (\rho_i - \rho)gR \tag{6-17}$$

式中 R——液柱高度差，m；
ρ_i——指示液密度，kg/m^3。

当采用倒置 U 形管液柱压差计时，有：

$$\Delta p = \rho g R \tag{6-18}$$

根据实验装置给出的结构参数 l、d，指示液密度 ρ_i，流体温度 t（查流体物性 ρ、μ），及实验时测定的流量 V_s、液柱压差计的读数 R 或两截面压差 Δp，通过式(6-16)、式(6-17)或式(6-18)、式(6-12)和式(6-10)求取 Re 和 λ，再将 Re 和 λ 标绘在双对数坐标图上即可得到某相对粗糙度 ε/d 时的直管阻力摩擦系数 λ 与雷诺数 Re 的关系。

6.3.2.2 局部阻力系数 ξ 的测定

局部阻力损失通常有两种表示方法，即当量长度法和阻力系数法。

① 当量长度法 流体流过某管件或阀门时造成的机械能损失看作流体流过某一长度为

l_e 的同管径的直管所产生的机械能损失,此折合的直管长度称为管件、阀门的当量长度,用符号 l_e 表示。这样,就可以用直管阻力的公式来计算局部阻力损失,而且在管路计算时可将管路中的直管长度与管件、阀门的当量长度合并在一起计算,则流体在管路中流动时的总机械能损失 $\sum h_f$ 为:

$$\sum h_f = \lambda \frac{l + \sum l_e}{d} \frac{u^2}{2} \tag{6-19}$$

② 阻力系数法　流体通过某一管件或阀门时的机械能损失表示为流体在管内流动时平均动能的某一倍数,局部阻力的这种计算方法,称为阻力系数法,即:

$$h_f' = \frac{\Delta p_f'}{\rho} = \xi \frac{u^2}{2} \tag{6-20}$$

因此有:

$$\xi = \frac{2\Delta p_f'}{\rho u^2} \tag{6-21}$$

式中　ξ——局部阻力系数,量纲为 1;

$\Delta p_f'$——局部阻力压强降,Pa,本装置中,所测得的压降应扣除两测压口间直管段的压降,直管段的压降由直管阻力实验结果求取。

待测的管件和阀门由现场指定。本实验采用阻力系数法表示管件或阀门的局部阻力损失。

根据连接管件或阀门两端管径中小管的直径 d、指示液密度 ρ_i、流体温度 t(查流体物性 ρ、μ),及实验时测定的流量 V_s、液柱压差计的读数 R 或两截面压差 Δp,通过式(6-16)、式(6-17) 或式(6-18)、式(6-21) 求取管件或阀门的局部阻力系数 ξ。

6.3.3　实验装置及流程

实验装置如图 6-3 所示。实验以水为工作流体,水由储水箱经由离心泵输送,经电动自

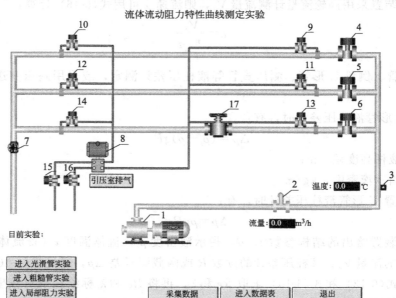

图 6-3　流体流动阻力测定实验装置示意图

1—离心泵;2—涡轮流量仪;3—测温点;4~6—管路进口阀;
7—管路出口阀;8—差压变送器;9~14—引压阀;15,16—引压室排气阀;17—闸阀

动调节阀调节流量、涡轮流量计测量流量后流经不同管径和材质的水管,最后流回储水箱循环使用。

管路上装有各种阀门、管件、涡轮流量计和差压变送器。管路部分有三段并联的长直管,分别用于测定局部阻力系数、光滑管直管阻力系数和粗糙管直管阻力系数。测定局部阻力部分使用不锈钢管,其上装有待测管件(闸阀);光滑管直管阻力的测定同样使用内壁光滑的不锈钢管,而粗糙管直管阻力的测定对象为管道内壁较粗糙的镀锌管。

水的流量由离心泵后的电动自动调节阀调节流量,用涡轮流量计测量流量,管路和管件的阻力损失采用差压变送器将差压信号传递给显示仪表。

实验装置参数见表6-5。

表 6-5 实验装置参数

名称	材质	管路号	管内径/m	测量段长度/m
局部阻力	不锈钢管＋闸阀	1A	0.02	0.95
光滑管	不锈钢管	1B	0.02	1
粗糙管	镀锌铁管	1C	0.02	1

6.3.4 实验步骤及注意事项

6.3.4.1 实验步骤

① 确认管路所有阀门处于关闭状态。

② 打开控制面板上总电源,选择流动阻力实验,打开仪表开关。

③ 实验管路选择:选择实验管路,把对应的管路进口阀打开。

④ 泵启动:从自来水管向水箱灌水至适当液面高度,然后依次打开离心泵前的灌水阀、泵后的排气阀进行灌泵排气,当泵后排气透明软管内不见气泡、水连续流出后可认为离心泵内已充满工作流体水,此时依次关闭泵后排气阀、泵前灌水阀。启动离心泵,待电机转动平稳后立即把管路出口阀缓缓开到最大。

⑤ 管路排气:在出口阀最大开度下,保持全流量流动 5~10min,即可认为管路排气结束。

⑥ 差压变送器引压室排气:调节出口阀开度至微开(否则排气太慢),依次打开所选实验管路差压变送器的引压阀门组、排气阀门组,给差压变送器排气,待排气透明软管内不见气泡、水连续流出时即可认为引压室排气结束,关闭排气阀门组。

⑦ 实验数据测定:管路、差压变送器引压室排气结束后,全开管路出口阀,进行实验数据测量。

⑧ 流量调节:手控状态,变频器输出选择100,然后调节管路出口阀开度,让流量为 2~6m³/h 范围内变化,建议每次实验变化约 0.5m³/h。每次改变流量,待流量达到稳定后,记下对应的流体流量、温度、压差值。自控状态,在流量控制界面设定流量值或设定变频器输出值,待流量稳定后记录相关数据即可。

⑨ 再次选择实验管路并开启对应的管路进口阀,关闭当前实验管路的进口阀,重复上述步骤⑤~⑧。

⑩ 实验结束:关闭管路出口阀和实验管路进口阀,停水泵,关闭仪表电源,关闭总电源,将装置中的水排尽。

6.3.4.2 注意事项

① 在启动离心泵前要对水泵进行灌泵,要泵盘车,且需关闭流量调节阀以防开启时电流

过载烧坏电机，启动泵后待电机正常运转后应立即开启泵后管路上的阀门以防闷泵烧毁电机。

② 每根实验管路均需进行管路排气和差压变送器引压室排气操作。在开、关各阀门时须缓开慢关。

③ 实验管路切换时，一定要先打开待测管路的进口阀门，再关闭当前测量管路的进口阀门，以防闷泵。

④ 每次改变流量后必须要等流量和直管压差数据稳定后方可记录数据。

6.3.5 实验原始数据记录

记录实验原始数据于表6-6中。

实验日期：____ 直管长度：____ 局部阻力直管长度：____

光滑管内径：_____ 粗糙管内径：_____ 局部阻力管内径：_____

表6-6 原始数据记录表

序号	粗糙管实验数据表			光滑管实验数据表			局部阻力实验数据表		
	流量 $V_s/(m^3/h)$	温度 $t/℃$	压差 $\Delta p/kPa$	流量 $V_s/(m^3/h)$	温度 $t/℃$	压差 $\Delta p/kPa$	流量 $V_s/(m^3/h)$	温度 $t/℃$	压差 $\Delta p/kPa$
1 ...									

6.3.6 实验结果及分析报告

(1) 根据粗糙管实验结果，在双对数坐标纸上标绘出 λ-Re 曲线，并对照经验关联图估算出该管的相对粗糙度和绝对粗糙度。

(2) 根据光滑管实验结果，在双对数坐标纸上标绘出 λ-Re 曲线，以 $\lambda = \dfrac{c}{Re^m}$ 的形式拟合出 λ 和 Re 的关系方程，对照柏拉修斯方程，计算其误差。

(3) 根据局部阻力实验结果，求出闸阀在实验所选开度时的平均 ξ 值。

6.3.7 思考题

(1) 在对装置做排气工作时，是否一定要关闭流程尾部的出口阀？为什么？

(2) 如何检测管路中的空气已经被排除干净？

(3) 以水做介质所得的 λ-Re 关系能否适用于其他流体？如何应用？

(4) 在不同设备上（包括不同管径），不同水温下测定的 λ-Re 数据能否关联在同一条曲线上？

(5) 如果测压口、孔边缘有毛刺或安装不垂直，对静压的测量有何影响？

(6) 为什么测定闸阀阻力损失时，测压点不能设置在紧靠闸阀进出口的两端？

6.3.8 实验数据处理表

见表6-7、表6-8。

表6-7 直管阻力实验数据处理

序号	实验原始数据记录部分			实验数据处理部分	
	流量 $V_s/(m^3/h)$	温度 $t/℃$	压差 $\Delta p/kPa$	雷诺数 Re	摩擦系数 λ
1 ...					

表 6-8　局部阻力实验数据处理

序号	实验原始数据记录部分			实验数据处理部分	
	流量 $V_s/(m^3/h)$	温度 $t/℃$	压差 $\Delta p/kPa$	雷诺数 Re	局部阻力系数 ξ
1 …					

6.4　离心泵特性曲线测定

6.4.1　实验目的

(1) 了解离心泵结构与特性，熟悉离心泵的使用。
(2) 掌握离心泵在一定转速下的特性曲线的测定方法。
(3) 测定离心泵出口阀门开度一定时的管路特性曲线。
(4) 了解离心泵的工作点与流量调节。
(5) 了解电动调节阀的工作原理和使用方法。

6.4.2　实验原理

6.4.2.1　离心泵特性曲线

化工生产中常需要将流体从低处送至高处，或从低压送至高压，或沿管路送至远处。为此需要对流体做功以提高流体的位能、静压能、动能等机械能或克服沿程管路阻力。向流体做功以提高流体机械能的装置称为流体输送机械。离心泵是常用的液体输送机械。

离心泵的特性曲线是选择和使用离心泵的重要依据之一，其特性曲线是指在恒定转速下泵的扬程（又称压头）H、轴功率 N 及效率 η 与泵的流量（又称送液能力）Q 之间的关系曲线，它是流体在泵内流动规律的宏观表现形式。由于泵内部流动情况复杂，目前尚不能用理论方法推导出泵的特性关系曲线，只能依靠实验测定。

工程上通常将离心泵的 η-Q 曲线上最高效率点定为额定点，即为泵的设计工况，与该点对应的流量称为额定流量。一般来说，在设计工况点所对应的扬程和流量下操作最为经济，但实际生产中泵不可能正好在设计工况点下运转，所以一般只能规定一个工作范围，称为泵的高效率区，通常为最高效率的92%左右。

① 流量 Q 的测定　离心泵流量的调节可通过调节泵的出口阀门的开度来实现，流量的测量一般用安装在管路上的流量计测定。

② 扬程 H 的测定与计算　在离心泵进、出口管路处分别安装真空表和压力表，在进口真空表处和出口压力表处管路两截面间列柏努利方程：

$$Z_1+\frac{p_1}{\rho g}+\frac{u_1^2}{2g}+H=Z_2+\frac{p_2}{\rho g}+\frac{u_2^2}{2g}+H_f \tag{6-22}$$

式中　ρ——流体密度，kg/m^3；
　　　g——重力加速度，m/s^2；
　　　H_f——压头损失，m；
p_1, p_2——泵进、出口的压力，Pa；
u_1, u_2——泵进、出口的流速，m/s；
Z_1, Z_2——真空表、压力表安装处管路截面中心的几何高度，m。

由于两截面间的管路很短,其压头损失 H_f 可忽略不计。两截面间的动压头差 $\dfrac{u_2^2-u_1^2}{2g}$ 也很小,通常也可忽略不计。则式(6-22)可简化为:

$$H=(Z_2-Z_1)+\frac{p_2-p_1}{\rho g}=H_0+H_1+H_2 \tag{6-23}$$

式中 H_0——泵出口和进口间的位差,$H_0=Z_2-Z_1$,m;
　　　H_1,H_2——泵进、出口的真空度和表压对应的压头,m。

由式(6-23)可知,只要直接读出真空表和压力表上的数值,及两表的安装高度差,就可计算出泵的扬程。

③ 轴功率 N 的测量与计算　离心泵的轴功率难以直接测定,一般间接测定。

离心泵一般由电动机驱动,其轴功率就是电动机传给泵轴的功率,测量时通常由三相功率表直接测定电机输出功率、然后乘以电机传动效率得到,即:

$$N=N_电 k \tag{6-24}$$

式中　$N_电$——电机功率,W;
　　　k——电机传动效率,可取 $k=0.95$。

④ 效率 η 的计算　泵的效率 η 是泵的有效功率 N_e 与轴功率 N 的比值。有效功率 N_e 是单位时间内流体经过泵时所获得的实际功,轴功率 N 是单位时间内泵轴从电机得到的功,两者差异反映了离心泵的水力损失、容积损失和机械损失的大小。

泵的有效功率 N_e 可用式(6-25)计算:

$$N_e=HQ\rho g \tag{6-25}$$

故泵效率为:

$$\eta=\frac{HQ\rho g}{N}\times 100\% \tag{6-26}$$

⑤ 转速改变时泵性能参数的换算　泵的特性曲线是泵在一定转速下的实验测定所得。但是,实际上感应电动机在转矩改变时,其转速会有变化,这样随着流量 Q 的变化,多个实验点的转速 n 将有所差异,因此在绘制特性曲线之前,须将实测数据换算为某一定转速 n'(可取离心泵的额定转速 2900r/min)下的数据。换算关系如下:

流量　　　　　　　　　　　　$Q'=Q\dfrac{n'}{n}$ 　　　　　　　　　　　　(6-27)

扬程　　　　　　　　　　　　$H'=H\left(\dfrac{n'}{n}\right)^2$ 　　　　　　　　　　　(6-28)

轴功率　　　　　　　　　　　$N'=N\left(\dfrac{n'}{n}\right)^3$ 　　　　　　　　　　　(6-29)

效率　　　　　　　　　　　　$\eta'=\dfrac{Q'H'\rho g}{N'}=\dfrac{QH\rho g}{N}=\eta$ 　　　　　　　　(6-30)

6.4.2.2　管路特性曲线

当离心泵安装在特定的管路系统中工作时,实际的工作压头和流量不仅与离心泵本身的性能有关,还与管路特性有关,也就是在液体输送过程中,离心泵和管路两者是相互制约的。

对特定的管路系统,若贮槽与受液槽的液面均保持恒定,流体流过管路系统时所需的压头(即要求泵提供的压头)H_e 可通过在上游贮槽液面和下游受液槽液面间列柏努利方程求得，即有：

$$H_e = \Delta Z + \frac{\Delta p}{\rho g} + \frac{\Delta u^2}{2g} + H_f \tag{6-31}$$

操作条件一定时，式(6-31) 中的 ΔZ、$\Delta p/\rho g$ 均为定值，令：

$$K = \Delta Z + \frac{\Delta p}{\rho g} \tag{6-32}$$

若贮槽和受液槽的截面都很大，该处流速与管路流速相比可以忽略不计，则 $\frac{\Delta u^2}{2g} \approx 0$。若输送管路的直径均一，则管路系统的压头损失可表示为：

$$H_f = \left(\lambda \frac{l + \sum l_e}{d} + \sum \xi\right) \frac{u^2}{2g} = \left(\lambda \frac{l + \sum l_e}{d} + \sum \xi\right) \frac{8Q^2}{\pi^2 d^4 g} \tag{6-33}$$

若流体在管路中的流动已进入阻力平方区，λ 可视为常量，管路上阀门开度一定时，上式中除流量 Q 外其余参数均为定值，令

$$B = \left(\lambda \frac{l + \sum l_e}{d} + \sum \xi\right) \frac{8}{\pi^2 d^4 g} \tag{6-34}$$

于是式(6-31) 可简化为：

$$H_e = K + BQ^2 \tag{6-35}$$

可见，在特定的管路中输送流体时，管路所需的压头 H_e 随流量 Q 的平方而变，将此关系标在相应的坐标图上，即为管路特性曲线。该线的形状取决于系数 K 和 B，即由管路布局与操作条件确定，与泵的性能无关。

实验测定时，对特定的管路系统，保持操作条件不变，在固定的阀门开度时，通过改变离心泵的转速使系统流量改变，测定各转速下的流量、泵前真空表和泵后压力表的读数，及两测压表的安装高度差，由式(6-23) 计算出离心泵的扬程即为管路所需的压头，由此作出管路特性曲线。

6.4.2.3 离心泵的工作点和流量调节

离心泵在管路中运行时，泵所能提供的流量及压头与管路所需要的应一致。若将离心泵的特性曲线和管路的特性曲线绘在同一坐标图上，两曲线交点即为离心泵在该管路的工作点。

当生产任务发生变化或已选好的离心泵在特定管路中运转所提供的流量不符合要求时，都需要对离心泵的工作点进行调节。由于泵的工作点由泵的特性曲线和管路的特性曲线所决定，因此改变两种特性曲线之一均能达到调节流量的目的。改变离心泵出口管路上调节阀的开度，即可改变管路特性曲线。改变离心泵的转速，即可改变泵的特性曲线。

6.4.3 实验装置及流程

离心泵特性曲线测定实验装置流程图见图 6-4。实验以水为实验流体，水由储水箱经底阀、吸入管路进入离心泵被加压，之后进入排出管路经流量计计量、出口流量调节阀后返回储水箱循环使用。

泵吸入口和排出口处分别装有压力传感器以测定泵进口端和出口端压强，用功率表测定泵电机功率，转速传感器测定泵的转速，泵出口管路上装有温度传感器以测定水温。

6.4.4 实验步骤及注意事项

6.4.4.1 实验步骤

① 确认管路所有阀门处于关闭状态。

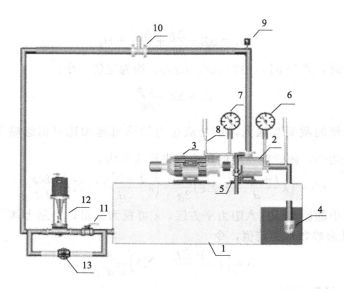

图 6-4 离心泵特性曲线测定实验装置示意
1—储水槽；2—离心泵；3—电机；4—底阀；5—灌水阀；
6—泵进口真空表；7—泵出口压力表；8—泵排气阀；9—测温点；
10—涡轮流量计；11—手阀；12—电磁调节阀；13—旁路阀

② 清洗水箱，通过自来水管线加装实验用水。

③ 打开控制面板上总电源，选择离心泵实验，打开仪表开关。检查电源和信号线是否与控制柜连接正确，检查仪表自检情况。

④ 灌泵：依次开启泵前灌水阀、泵后排气阀向离心泵灌水排气，待排气透明软管内不见气泡有水连续流出后可认为泵内空气已排完，依次关闭排气阀、灌水阀。

⑤ 按下仪表柜上的水泵启动按钮，启动离心泵（此时离心泵启动按钮绿灯亮），检查电机和离心泵是否正常运转。待泵正常运转后立即开启泵排出管路上的出口调节阀进行实验。

⑥ 离心泵特性曲线测定实验：逐渐打开出口调节阀以增大流量，测取 12~15 组左右数据。每个流量下待各仪表读数显示稳定后，读取流量 Q、泵进口压力 p_1、泵出口压力 p_2、电机功率 $N_电$、泵转速 n、流体温度 t 等实验数据。

⑦ 管路特性曲线测定实验：将出口调节阀固定在某一开度，改变泵转速，测取 8 组左右数据。每个转速下待各仪表读数显示稳定后，读取流量 Q、泵进口压力 p_1、泵出口压力 p_2、流体温度 t 等实验数据。

⑧ 实验结束后，关泵出口调节阀，按下仪表柜上的水泵停止按钮，停泵，关闭仪表电源开关，关闭总电源开关。记录两测压点间高度差 H_0，记录离心泵型号、额定流量、额定扬程和额定功率等数据。

6.4.4.2 注意事项

① 一般每次实验前，均需对泵进行灌泵操作，以防止离心泵气缚。同时注意定期对泵进行保养，防止叶轮被固体颗粒损坏。

② 泵运转过程中，勿触碰泵主轴部分，因其高速转动，可能会缠绕并伤害身体接触部位。

③ 离心泵特性曲线实验时通过调节出口阀门开度大小调节流量，不能通过调节离心泵转速调节流量。

④ 离心泵特性曲线实验时应在额定流量附近多取些实验点，以准确测量泵的最高效率。

6.4.5 实验原始数据记录

记录实验原始数据于表 6-9、表 6-10 中。

实验日期：_____　泵进出口测压点高度差 H_0：_____

离心泵型号：_____　额定流量：_____　额定扬程：_____

额定功率：_____　额定转速：_____　压力：_____　叶轮直径：_____

表 6-9　离心泵特性曲线测定实验原始数据记录表

序号	流量 $Q/(m^3/h)$	转速 $n/(r/min)$	进口压力 p_1/kPa	出口压力 p_2/kPa	电机功率 $N_电/kW$	温度 $t/℃$
1 ...						

表 6-10　管路特性曲线测定实验原始数据记录表

序号	流量 $Q/(m^3/h)$	进口压力 p_1/kPa	出口压力 p_2/kPa	温度 $t/℃$
1 ...				

6.4.6 实验结果及分析报告

(1) 在同一张坐标纸上绘制一定转速下离心泵的 $H\text{-}Q$、$N\text{-}Q$、$\eta\text{-}Q$ 曲线。

(2) 分析上述实验结果，判断泵较为适宜的工作范围。

(3) 在上述坐标纸上绘制某一阀门开度下管路特性曲线 $H\text{-}Q$，并标出工作点。

6.4.7 思考题

(1) 试从所测实验数据分析，离心泵在启动时为什么要关闭出口阀门？

(2) 启动离心泵之前为什么要引水灌泵？如果灌泵后依然启动不起来，你认为可能的原因是什么？

(3) 为什么要在进口管下安装底阀？

(4) 为什么用泵的出口阀门调节流量？这种方法有什么优缺点？是否还有其他方法调节流量？

(5) 泵启动后，出口阀如果不开，压力表读数是否会逐渐上升？为什么？

(6) 正常工作的离心泵，在其进口管路上安装阀门是否合理？为什么？

(7) 随着流量的变化，泵的出口压力和进口压力如何变化？为什么？

(8) 有人认为离心泵入口处总是负压，一定要安装真空表，这种说法对吗？

(9) 比较实验测定的泵在最高效率时的相关数据和泵铭牌参数，分析实验误差。

6.4.8 实验数据处理表

见表 6-11、表 6-12。

表 6-11　离心泵特性曲线测定实验数据处理

序号	实验原始数据记录部分					
	流量 $Q/(m^3/h)$	转速 $n/(r/min)$	进口压力 p_1/kPa(表)	出口压力 p_2/kPa(表)	电机功率 $N_电/kW$	温度 $t/℃$
1 …						

序号	实验数据处理部分			
	修正流量 $Q'/(m^3/h)$	扬程 H'/m	轴功率 N'/kW	效率 $\eta'/\%$
1 …				

表 6-12　管路特性曲线测定实验数据处理

序号	实验原始数据记录部分				实验数据处理部分
	流量 $Q/(m^3/h)$	进口压力 p_1/kPa	出口压力 p_2/kPa	温度 $t/℃$	压头 H_e/m
1 …					

6.5　过滤实验

6.5.1　实验目的

(1) 熟悉板框压滤机的构造和操作方法。
(2) 通过恒压过滤实验，验证过滤基本理论。
(3) 学会测定过滤常数 K、q_e、θ_e 及压缩性指数 s 的方法。
(4) 了解过滤压力对过滤速率的影响。
(5) 测定洗涤速率并验证其与最终过滤速率的关系。

6.5.2　实验原理

过滤是以某种多孔物质为介质来处理悬浮液以达到固、液分离的一种操作过程，即在外力的作用下，悬浮液中的液体通过固体颗粒层（即滤饼层）及多孔介质的孔道而固体颗粒被截留下来形成滤饼层，从而实现固、液分离。因此，过滤操作本质上是流体通过固体颗粒层的流动，而这个固体颗粒层（滤饼层）的厚度随着过滤的进行而不断增加，故在恒压过滤操作中，过滤速度不断降低。

过滤速度 u 定义为单位时间单位过滤面积内通过过滤介质的滤液量。影响过滤速度的主要因素除过滤推动力（压强差）Δp、滤饼厚度 L 外，还有滤饼和悬浮液的性质、悬浮液温度、过滤介质的阻力等。

过滤时滤液流过滤饼和过滤介质的流动过程基本上处在层流流动范围内，因此，可利用流体通过固定床压降的简化模型，寻求滤液量与时间的关系，可得过滤速度计算式：

$$u = \frac{dV}{A d\theta} = \frac{dq}{d\theta} = \frac{A\Delta p}{\mu r v(V+V_e)} = \frac{A\Delta p^{(1-s)}}{\mu r' v(V+V_e)} \tag{6-36}$$

式中　　u——过滤速度，m/s；
　　　　V——通过过滤介质的滤液量，m^3；
　　　　A——过滤面积，m^2；

θ——过滤时间，s；

q——通过单位面积过滤介质的滤液量，m^3/m^2；

Δp——过滤压力（表压），Pa；

s——滤饼的压缩性指数；

μ——滤液的黏度，$Pa \cdot s$；

r——滤饼比阻，$1/m^2$；

v——单位滤液体积的滤饼体积，m^3/m^3；

V_e——过滤介质的当量滤液体积，m^3；

r'——单位压差下滤饼的比阻，$1/m^2$。

对于一定的悬浮液，在恒温和恒压下过滤时，μ、r、v 和 Δp 都恒定，为此令：

$$K = \frac{2\Delta p^{(1-s)}}{\mu r v} \tag{6-37}$$

于是式（6-36）可改写为：

$$\frac{dV}{d\theta} = \frac{KA^2}{2(V+V_e)} \tag{6-38}$$

式中　K——过滤常数，由物料特性及过滤压差决定，m^2/s。

将式（6-38）分离变量并积分，整理得：

$$\int_{V_e}^{V+V_e} (V+V_e) d(V+V_e) = \frac{1}{2} KA^2 \int_0^\theta d\theta \tag{6-39}$$

即

$$V^2 + 2VV_e = KA^2 \theta \tag{6-40}$$

将式（6-39）的积分上下限改为从 0 到 V_e 和从 0 到 θ_e 积分，则：

$$V_e^2 = KA^2 \theta_e \tag{6-41}$$

将式（6-40）和式（6-41）相加，可得：

$$(V+V_e)^2 = KA^2(\theta + \theta_e) \tag{6-42}$$

式中　θ_e——虚拟过滤时间，相当于滤出滤液量 V_e 所需时间，s。

再将式（6-42）微分，得：

$$2(V+V_e)dV = KA^2 d\theta \tag{6-43}$$

将式（6-43）写成差分形式，则：

$$\frac{\Delta \theta}{\Delta q} = \frac{2}{K}\bar{q} + \frac{2}{K}q_e \tag{6-44}$$

式中　Δq——每次测定的单位过滤面积滤液体积（在实验中一般等量分配），m^3/m^2；

$\Delta \theta$——每次测定的滤液体积 Δq 所对应的时间，s；

$\bar{q}$——相邻两个 q 值的平均值，m^3/m^2。

以 $\Delta \theta / \Delta q$ 为纵坐标、$\bar{q}$ 为横坐标将式（6-44）标绘成一直线，可得该直线的斜率和截距。

斜率：
$$S = \frac{2}{K} \tag{6-45}$$

截距：
$$I = \frac{2}{K} q_e \tag{6-46}$$

则：
$$K = \frac{2}{S} \tag{6-47}$$

$$q_e = \frac{KI}{2} = \frac{I}{S} \tag{6-48}$$

$$\theta_e = \frac{q_e^2}{K} = \frac{I^2}{KS^2} \tag{6-49}$$

改变过滤压差 Δp，可测得不同的 K 值，由 K 的定义式(6-37)两边取对数得：

$$\lg K = (1-s)\lg(\Delta p) + B \tag{6-50}$$

在实验压差范围内，若 B 为常数，则 $\lg K$-$\lg(\Delta p)$ 的关系在直角坐标上应是一条直线，斜率为 $(1-s)$，可得滤饼压缩性指数 s。

洗涤速率定义为单位时间内消耗的洗水体积，即：

$$\left(\frac{dV}{d\theta}\right)_w = \frac{V_w}{\theta_w} \tag{6-51}$$

式中 $\left(\dfrac{dV}{d\theta}\right)_w$ ——洗涤速率，m^3/s；

V_w ——洗水用量，m^3；

θ_w ——洗涤时间，s。

由于洗水中不含固体颗粒，洗涤过程中滤饼厚度不变，所以在恒定的压差下洗涤速率基本为常数。由实验测得 V_w、θ_w，即可得洗涤速率。

为使测定比较准确，测定最终过滤速率时，应将过滤操作进行到滤框全部充满滤饼以后再停止。由式(6-38)，恒压过滤最终速率为：

$$\left(\frac{dV}{d\theta}\right)_E = \left(\frac{KA^2}{2(V+V_e)}\right)_E = \left(\frac{KA}{2(q+q_e)}\right)_E \tag{6-52}$$

6.5.3 实验装置及流程

本实验装置由空压机、配料槽、压力料槽、板框过滤机等组成，其流程示意如图 6-5 所示。

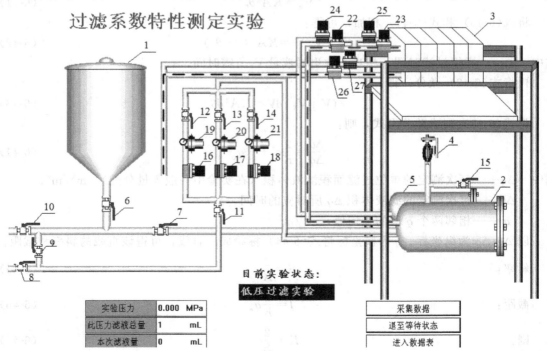

图 6-5 板框压滤机过滤流程

1—配料槽；2—压力槽；3—板框压滤机；4—安全阀；5—洗水槽；6～18—阀门；19～21—压力调节阀；22～27—阀门

$CaCO_3$的悬浮液在配料桶内配制一定浓度后用压缩空气吹动搅拌,然后利用压差送入压力料槽中,同样用压缩空气加以搅拌使$CaCO_3$不致沉降,同时利用压缩空气的压力将滤浆送入板框压滤机过滤,过滤压力通过自动压力调节阀控制,滤液流入量筒计量,或用电子天平自动测量装置自动采样测量滤液量数据,压缩空气从压力料槽上排空管中排出。

　　板框压滤机的结构尺寸:框厚度20mm,每个框过滤面积0.0127m² (框内圆直径9cm),框数2个。

　　空气压缩机规格型号:风量0.06m³/min,最大气压0.8MPa。

6.5.4　实验步骤及注意事项

6.5.4.1　实验步骤

实验前先确保实验装置上所有阀门处于关闭状态。

① 实验准备

　　a. 装板框　正确装好滤板、滤框及滤布。滤布使用前用水浸湿,滤布要绷紧,不能起皱。滤布紧贴滤板,密封垫贴紧滤布。

　　b. 配料　在配料罐内配制含$CaCO_3$10%～30%(质量百分数)的水悬浮液,碳酸钙事先由天平称重,水位高度按标尺示意,筒身直径350mm。

　　c. 开启空压机　待空压机压力达到0.6MPa后空压机会自行停掉,压力不足时会自动开启。当空压机开启后15～20min后进行后续实验步骤。

　　d. 搅拌　将压缩空气通入配料罐(空压机的出口小球阀保持半开,进入配料罐的两个阀门10、6保持适当开度,开度太大会喷料),使$CaCO_3$悬浮液搅拌均匀。搅拌时,应将配料罐的顶盖合上。搅拌完毕后关闭相应进压阀10、6。

　　e. 灌料　在压力罐泄压阀15打开的情况下,打开配料罐和压力罐间的进料阀门7,使料浆自动由配料桶流入压力罐至其视镜1/2～1/3处,关闭进料阀门6、7。

　　f. 灌清水　向清水罐通入自来水,液面达视镜2/3高度左右。灌清水时,应将安全阀处的泄压阀打开。注意若清水罐水不足,可补充一定水源,补水时仍应打开该罐的泄压阀。

　　g. 设定压力　打开进压阀8、11,分别打开进压力罐的三路阀门,空压机过来的压缩空气经各定值调节阀分别设定为0.1MPa、0.2MPa和0.3MPa(出厂已设定,每个间隔压力大于0.05MPa。若欲作0.3MPa以上压力过滤,需调节压力罐安全阀)。设定定值调节阀时,压力罐泄压阀15可略开。

② 过滤过程

　　a. 鼓泡　通压缩空气至压力罐,使容器内料浆不断搅拌。压力料槽的排气阀15应不断排气,但又不能喷浆(实验时阀15可保持有微小开度,此时可听到空气排压声,压力罐内料不断翻滚)。

　　b. 过滤　将中间双面板下通孔切换阀开到通孔通路状态。打开进板框前料液进口的两个阀门22、23,打开出板框后清液出口球阀26、27。此时,压力表指示过滤压力,清液出口流出滤液。(实验时可使进料阀22、出料阀26、27保持全开,通过控制进料阀23的开闭来控制过滤进程。)

　　c. 手动操作时每次实验应在滤液从汇集管刚流出的时候作为开始时刻,每次ΔV取800mL左右。记录相应的过滤时间$\Delta \theta$。每个压力下,测量8～10个读数即可停止实验。若欲得到干而厚的滤饼,或欲测量最终过滤速率,则应每个压力下做到没有清液流出为止。注意量筒交换接滤液时不要流失滤液，等量筒内滤液静止后读出 ΔV 值。

d. 自动采样时，由于透过液已基本澄清，故可视作密度等同于水，则可以用带通讯的电子天平读取对应计算机计时器下的瞬时重量的方法来确定过滤速度。具体步骤如下：先将桶置于秤上，然后进行"去皮"操作（相当于零点校正），打开并运行计算机上的"恒压过滤测定实验软件"，进入实验界面，单击实验软件上的"开始实验"按钮进入实验。实验时电脑屏上"本次滤液量"指的是每采集一次数据期间得到的滤液量，即为 ΔV，"本次过滤时间"指的是每采集一次数据期间的时间，即为 $\Delta\theta$，"此压力滤液总量"指的是此压力操作得到的累计滤液量，每采集数据一次，"本次滤液量"、"本次过滤时间"自动复0重新计量、计时。

e. 每次滤液及滤饼均收集在小桶内，滤饼弄细后重新倒入料浆桶内搅拌配料，进入下一个压力实验。

③ 清洗过程

a. 关闭板框过滤的进出阀门22、23、26、27。将中间双面板下通孔切换阀开到通孔关闭状态。

b. 打开清洗液进入板框的进出阀门24、25、27（板框前两个进口阀，板框后一个出口阀）。此时，压力表指示清洗压力，清液出口流出清洗液。清洗液速度比同压力下过滤速度小很多。（实验时可使进水阀24、出料阀27保持全开，通过控制进水阀25的开闭来控制洗涤进程。）

c. 清洗液流动约1min，可观察混浊变化判断结束。记录洗水体积及洗涤时间。一般物料可不进行清洗过程。

d. 结束清洗过程，关闭清洗液进出板框的阀门24、25、27，关闭定值调节阀后进气阀门。

④ 反压物料备下次实验使用　全开阀门6，控制阀门7的开度（一般微开即可），将物料反压至配料槽，当听到空气鼓泡声时说明物料压送完毕，此时立即关闭阀门7，否则会喷料，危险！

⑤ 卸滤渣　旋开压紧螺杆并将板框拉开，卸出滤饼，冲洗滤框、滤板及滤布，整理板框，重新组装好板框压滤机，进入下一压力实验。

⑥ 实验结束

a. 先关闭空压机出口球阀，关闭空压机电源。

b. 打开安全阀处泄压阀，使压力罐和清水罐泄压。

c. 冲洗滤框、滤板，滤布不要折，应当用刷子刷洗。

d. 排空压力罐、配料罐内物料，用清水冲洗二罐。

6.5.4.2　注意事项

① 用螺旋压紧时，千万不要把手指压伤，先慢慢转动手轮使板框合上，然后再压紧。

② 配料浓度不要太高，否则实验时滤框内很快充满滤饼。

③ 根据实验过程适当选取每采集一次数据的滤液量，可刚开始时滤液量多、后来滤液量少，灵活选取。

④ 板框安装时必须注意板、框的前后、左右位置的正确性，即按 1-2-3-2-1 顺序、板与框边上波纹面对波纹面、光面对光面。

⑤ 若得到的滤液一直较浑浊，则说明滤布未装好，此时需重新装，或者说明滤布已旧，需更换，或者说明滤布边缘已磨损，亦需更换。

⑥ 每次实验完毕，务必清洗干净板框，否则物料会对设备造成腐蚀，损坏设备，致使以后实验效果不佳。

6.5.5 实验原始数据记录

记录实验原始数据，见表 6-13。

实验日期：_____ 过滤面积：_____

表 6-13 实验原始数据记录表

序号	压差 Δp/MPa	滤液体积 ΔV/mL	过滤时间 $\Delta \theta$/s	洗液体积 ΔV/mL	洗涤时间 $\Delta \theta$/s
1 ...					

6.5.6 实验结果及分析报告

(1) 由恒压过滤实验数据绘制某恒定压差下 $\Delta \theta/\Delta q$-$\bar{q}$ 关系曲线，求出过滤常数 K、q_e、θ_e。

(2) 由恒压洗涤实验数据求洗涤速率，并与过滤结束时刻的过滤速率进行比较。

(3) 比较几种压差下的 K、q_e、θ_e 值，讨论压差变化对以上参数数值的影响。

(4) 在直角坐标纸上绘制 lg$K$-lgΔp 关系曲线，求出滤饼压缩性指数 s。

(5) 分析可能的实验误差来源。

6.5.7 思考题

(1) 板框过滤机的优缺点是什么？适用于什么场合？

(2) 板框压滤机的操作分哪几个阶段？

(3) 为什么过滤开始时，滤液常常有点浑浊，而过段时间后才变清？

(4) 影响过滤速率的主要因素有哪些？当你在某一恒压下所测得的 K、q_e、θ_e 值后，若将过滤压强提高一倍，问上述三个值将有何变化？

(5) 洗涤速率与最终过滤速率在数值上有什么关系？为什么？

(6) 压力罐上方的压力表的读数要大于板框机入口处的压力表读数，为什么？实验压力应读取哪个表上的压力读数？

6.5.8 实验数据处理

见表 6-14。

表 6-14 实验数据处理

实验原始数据记录部分					
序号	压差 Δp/MPa	滤液体积 ΔV/mL	过滤时间 $\Delta \theta$/s	洗液体积 ΔV/mL	洗涤时间 $\Delta \theta$/s
1 ...					
实验数据处理部分					
序号	q/(m³/m²)	$\bar{q}$/(m³/m²)	$\Delta \theta/\Delta q$/(s·m²/m³)	过滤常数 q_e/(m³/m²) | K/(m²/s) | θ_e		洗涤速率 $\left(\dfrac{dV}{d\theta}\right)_w$/(m³/s)
1 ...						

6.6 蒸气对空气间壁加热时传热系数的测定

6.6.1 实验目的
(1) 了解间壁式传热元件，掌握对流传热系数测定的实验方法。
(2) 掌握热电阻测温的方法，观察水蒸气在水平管外壁上的冷凝现象。
(3) 学会对流传热系数测定的实验数据处理方法，了解影响对流传热系数的因素和强化传热的途径，并确定对流传热准数方程式。

6.6.2 实验原理
6.6.2.1 对流传热系数 α 的测定

在工业生产过程中，大量情况下，冷、热流体系通过固体壁面（传热元件）进行热量交换，称为间壁式换热，如图6-6所示。间壁式传热过程由热流体对固体壁面的对流传热、固体壁面的热传导和固体壁面对冷流体的对流传热所组成。

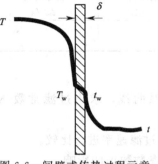

图 6-6 间壁式传热过程示意

当在套管式间壁换热器中，环隙通以饱和水蒸气、内管管内通以冷空气进行传热实验时，当间壁两侧饱和水蒸气与空气达到稳态传热时，有：

$$Q = W_h r = W_c c_{pc}(t_2 - t_1) = K_i S_i \Delta t_m \tag{6-53}$$

式中 Q——传热量，J/s；
W_h——热流体饱和水蒸气的质量流量，kg/s；
r——饱和水蒸气的冷凝热，J/kg；
W_c——冷流体的质量流量，kg/s；
c_{pc}——冷流体的平均比热容，J/(kg·℃)；
t_1——冷流体的进口温度，℃；
t_2——冷流体的出口温度，℃；
S_i——换热器内壁面传热面积，m²；
K_i——以传热面积 S_i 为基准的总传热系数，W/(m²·℃)；
Δt_m——冷、热流体的对数平均温差，℃。

热、冷流体间的对数平均温差逆流传热时可由式(6-54)计算，

$$\Delta t_m = \frac{(T-t_2)-(T-t_1)}{\ln \dfrac{T-t_2}{T-t_1}} \tag{6-54}$$

式中 T——热流体饱和水蒸气的温度，℃。

以管内壁面积为基准的总传热系数与对流传热系数间的关系为：

$$\frac{1}{K_i} = \frac{1}{\alpha_i} + R_{Si} + \frac{bd_i}{\lambda d_m} + R_{So}\frac{d_i}{d_o} + \frac{d_i}{\alpha_o d_o} \tag{6-55}$$

式中 d_o——换热管外径，m；
d_i——换热管内径，m；
d_m——换热管的对数平均直径，m；

b——换热管的壁厚，m；

λ——换热管材料的导热系数，W/(m·℃)；

α_i——冷流体与固体壁面的对流传热系数，W/(m²·℃)；

α_o——热流体与固体壁面的对流传热系数，W/(m²·℃)；

R_{So}——换热管外侧的污垢热阻，m²·℃/W；

R_{Si}——换热管内侧的污垢热阻，m²·℃/W。

用本装置进行实验时，管内冷流体与管壁间的对流传热系数 α_i 约为几十到几百 W/(m²·℃)；而管外为蒸气冷凝传热系数 α_o 可达 10^4 W/(m²·℃) 左右，因此冷凝传热热阻 $\dfrac{d_i}{\alpha_o d_o}$ 可忽略，同时蒸气冷凝较为清洁，因此换热管外侧的污垢热阻 $R_{So}\dfrac{d_i}{d_o}$ 也可忽略。实验中的传热元件材料采用紫铜，热导率为 383.8 W/(m·℃)，壁厚为 2.5mm，因此换热管壁的导热热阻 $\dfrac{bd_i}{\lambda d_m}$ 可忽略。若换热管内侧的污垢热阻 R_{Si} 也忽略不计，则由式(6-55)得：

$$\alpha_i \approx K_i \tag{6-56}$$

由式(6-53)、式(6-54)、式(6-56)得内管内壁面与冷空气的对流传热系数为：

$$\alpha_i = \frac{W_c c_{pc}(t_2 - t_1)}{S_i \Delta t_m} \tag{6-57}$$

实验中测定紫铜管的长度 l、内径 d_i、面积 $S_i = \pi d_i l$，空气的进出口温度 t_1、t_2 和质量流量 W_c，并查取 $t_{平均} = \dfrac{1}{2}(t_1 + t_2)$ 下空气的 c_{pc}，即可计算 α_i。

实验中被忽略的传热热阻与冷流体侧对流传热热阻相比越小，所得的准确性就越高。

6.6.2.2 冷流体对流传热系数准数关联式测定

对于低黏度流体在圆形直管内作强制湍流对流传热时，若符合如下范围 $Re = 1.0 \times 10^4 \sim 1.2 \times 10^5$、$Pr = 0.7 \sim 120$、管长与管内径之比 $l/d \geqslant 60$，则对流传热准数经验式为：

$$Nu = cRe^m Pr^n \tag{6-58}$$

式中 Nu——努塞尔数，$Nu = \dfrac{\alpha d}{\lambda}$，量纲为1；

Re——雷诺准数，$Re = \dfrac{du\rho}{\mu}$，量纲为1；

Pr——普朗特数，$Pr = \dfrac{c_p \mu}{\lambda}$，量纲为1；

c、m、n——常数，当流体被加热时 $n = 0.4$，流体被冷却时 $n = 0.3$；

α——流体与固体壁面的对流传热系数，W/(m²·℃)；

d——换热管内径，m；

λ——流体的热导率，W/(m·℃)；

u——流体在管内流动的平均速度，m/s；

ρ——流体的密度，kg/m³；

μ——流体的黏度，Pa·s；

c_p——流体的比热容，J/(kg·℃)。

式(6-58)两边取对数，经简化整理得：

$$\ln \frac{Nu}{Pr^n} = m\ln Re + \ln c \tag{6-59}$$

可见 $\frac{Nu}{Pr^n}$ 与 Re 准数在双对数坐标图上呈线性关系，由直线斜率可得式(6-58) Re 项指数 m，直线截距为式(6-58) 中的系数项 c。

实验由式(6-57) 测得冷流体对流传热系数，进而求得 Nu 准数；通过测定冷流体流量求得流体在管内流动的平均速度，进一步求得 Re 准数；通过测定空气进、出口温度求得 Pr 准数。

6.6.2.3 冷流体质量流量的测定

若用转子流量计测定冷空气的流量，须用式(6-60)换算得到实际的流量：

$$V' = V\sqrt{\frac{\rho(\rho_f - \rho')}{\rho'(\rho_f - \rho)}} \tag{6-60}$$

式中　V'——实际被测流体的体积流量，m^3/s；
　　　ρ'——实际被测流体的密度，kg/m^3，取空气进口温度的密度；
　　　V——标定用流体的体积流量，m^3/s；
　　　ρ——标定用流体的密度，kg/m^3；对空气 $\rho=1.205 kg/m^3$；
　　　ρ_f——转子材料密度，本装置 $\rho_f=7.9\times10^3 kg/m^3$。

于是有：
$$W_c = V'\rho' \tag{6-61}$$

若用孔板流量计测冷流体的流量，则有：
$$W_c = \rho V \tag{6-62}$$

式中　V——冷流体进口处流量计读数，m^3/s；
　　　ρ——冷流体进口温度下对应的密度，kg/m^3。

6.6.2.4 冷流体物性与温度的关系式

在 0～100℃之间，冷流体的物性与温度的关系有如下拟合公式。

① 空气的密度与温度的关系式：
$$\rho = 10^{-5}t^2 - 4.5\times10^{-3}t + 1.2916 \text{ kg/m}^3 \tag{6-63}$$

② 空气的比热容与温度的关系式：60℃以下 $c_p = 1005 J/(kg \cdot ℃)$
　　　　　　　　　　　　　　　70℃以上 $c_p = 1009 J/(kg \cdot ℃)$

③ 空气的热导率与温度的关系式：
$$\lambda = -2\times10^{-8}t^2 + 8\times10^{-5}t + 0.0244 W/(m^2 \cdot ℃) \tag{6-64}$$

④ 空气的黏度与温度的关系式：
$$\mu = (-2\times10^{-6}t^2 + 5\times10^{-3}t + 1.7169)\times10^{-5} Pa \cdot s \tag{6-65}$$

6.6.3 实验装置及流程

实验装置如图 6-7 所示，主要由直径 $\phi 21mm\times2.5mm$、长度 $L=1m$ 的紫铜内管和直径 $\phi 100mm\times5mm$、长度 $L=1m$ 的不锈钢外套管组成的套管换热器、风机、转子流量计（或孔板流量计）、阀门、蒸气发生器、温度计等组成。

来自蒸气发生器的水蒸气进入不锈钢套管换热器环隙，与来自风机的空气在套管换热器内进行热交换，冷凝水经疏水器排入地沟。冷空气经孔板流量计或转子流量计进入套管换热器内管（紫铜管），热交换后排出装置外。

6 实验部分

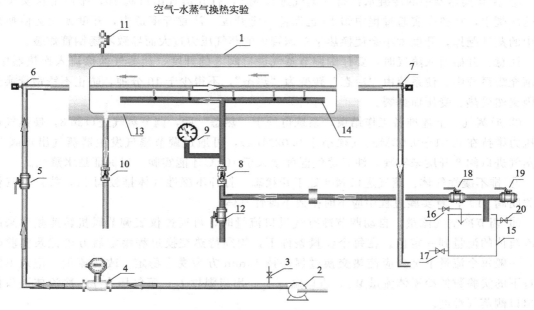

图 6-7 空气-水蒸气换热流程图

1—套管换热器；2—鼓风机；3—旁路阀；4—冷空气流量测量仪；5—空气进口阀；
6—空气进口测温点；7—空气出口测温点；8—蒸气进口阀；9—蒸气压力表；10—蒸气出口阀；
11—不凝性气体排放阀；12—蒸气进口管路排水阀；13—空气入口侧蒸气测温点；
14—空气出口侧蒸气测温点；15—蒸气发生器；16—蒸气发生器进水阀；17—蒸气发生器泄水阀；
18—蒸气发生器蒸气出口阀；19—蒸气发生器泄压阀；20—安全阀

6.6.4 实验步骤与注意事项

6.6.4.1 实验步骤

① 熟悉设备流程，检查各阀门的开关情况。

② 检查蒸气发生器泄水阀 17 使处于关闭状态，微开蒸气发生器泄压阀 19，打开蒸气发生器进水阀 16（注意进水阀 16 在实验过程中应常开），加水至水箱的球体中部。

③ 生产蒸气：检查蒸气发生器蒸气出口阀 18、蒸气发生器泄压阀 19 处于关闭状态。开启蒸气发生器电源，使水处于加热状态。到达符合条件的蒸气压力后（此时压力约为 0.04~0.06MPa），系统会自动处于保温状态，此时发生器面板上加热指示红灯处于不亮状态。（注意：此步操作前，可预先排除管道及设备中的冷凝水，防止后面操作中蒸气压力一会儿就下降。）

④ 通电源：打开控制面板上的总电源开关，打开仪表电源开关，使仪表通电预热，观察仪表显示是否正常。

⑤ 通空气：打开风机旁路阀 3，打开控制面板上的风机电源开关使处于"自动"挡，让风机工作，同时打开空气进口阀 5，调节冷流体流量，让套管换热器里充有一定量的空气。

⑥ 排除管道中的冷凝水：在通水蒸气前，应将蒸气发生器到实验装置之间管道中的冷凝水排除，否则夹带冷凝水的蒸气会损坏压力表及压力变送器。排除步骤如下，关闭蒸气进口阀 8，打开蒸气发生器蒸气出口阀 18，打开蒸气进口管路排水阀 12，让蒸气压力把管道中的冷凝水带走，当听到蒸气响时关闭冷蒸气进口管路排水阀 12，方可进行下一步实验。

⑦ 排除换热器中的冷凝水：打开蒸气进口阀 8，打开蒸气出口阀 10，排出上次实验余留的冷凝水，在整个实验过程中阀 10 也保持一定开度。注意开度适中，开度太大会使换热器中的蒸气跑掉，开度太小会使换热不锈钢管里的蒸气压力过大而导致不锈钢管炸裂。

注意：开始通入蒸气时，要仔细调节蒸气进口阀 8 的开度，让蒸气徐徐流入换热器中，逐渐充满系统中，使系统由"冷态"转变为"热态"，不得少于 10 分钟，防止不锈钢管换热器因突然受热、受压而爆裂。

⑧ 通蒸气：上述准备工作结束，系统也处于"热态"后，调节蒸气进口阀 8，使蒸气进口压力维持在 0.01~0.02MPa（须小于 0.02MPa），可通过调节蒸气发生器蒸气出口阀 18 及蒸气进口阀 8 开度来实现。注意蒸气温度须大于 100℃才能实验，以保证是水蒸气。

⑨ 排不凝性气体：蒸气进口阀 8 处于开状态，打开不凝性气体排放阀 11，待排尽气体后关闭阀 11。注意实验过程中应不时排放不凝性气体。

⑩ 调节冷空气流量，自动调节冷空气进口流量时，可通过仪表调节风机转速频率来改变冷流体的流量到一定值。在每个流量条件下，均须待热交换过程稳定后方可记录实验数值，一般每个流量下至少应使热交换过程保持 15min 方为视为稳定；改变流量，记录不同流量下的实验数值冷流体流量 W_c、进口温度 t_1、出口温度 t_2、蒸气压力 p、冷流体进口侧及出口侧蒸气温度。

⑪ 记录 6~8 组实验数据，可结束实验。先关闭蒸气发生器，关闭蒸气进口阀 8，关闭蒸气发生器蒸气出口阀 18，关闭仪表电源开关，待系统逐渐冷却后关闭风机电源，待冷凝水流尽，关闭蒸气出口阀 10，关闭总电源。打开蒸气发生器泄水阀 17 放水。

6.6.4.2 注意事项

① 注意蒸气出口阀 10 的开度，开得太大会使换热器里的蒸气跑掉，开得太小会使换热不锈钢管里的蒸气压力增大而使不锈钢管炸裂。

② 一定要在套管换热器内管输以一定量的空气后，方可开启蒸气发生器蒸气出口阀 18，且必须在排除蒸气管线上原先积存的凝结水后，方可把蒸气通入套管换热器中。

③ 开始通入蒸气前，即打开蒸气发生器蒸气出口阀 18 之前，务必检查蒸气进口阀 8 是否处于关闭状态，不然会导致蒸气压力表 9 的读数不断上升、超过量程范围而损坏压力表，此情况下可通过暂时关闭蒸气发生器蒸气出口阀 18、并打开排冷凝水的阀 10 来泄压，待正常后重新开始实验。

④ 刚开始通入蒸气时，要仔细调节蒸气进口阀 8 的开度，让蒸气徐徐流入换热器中，逐渐加热，由"冷态"转变为"热态"，不得少于 10min，以防止不锈钢管因突然受热、受压而爆裂。

⑤ 操作过程中，蒸气压力一般控制在 0.02MPa（表压）以下，否则可能造成不锈钢管爆裂和填料损坏。

⑥ 读取各参数时，必须是在稳定传热状态下，随时注意蒸气量的调节和压力表读数的调整。

⑦ 实验过程中可用调节旁路阀 3 的开度、或调节空气进口阀 5 的开度来调节冷流体的流量。

⑧ 蒸气发生器蒸气出口阀 18 不要全开，以免蒸气很快就用完。

6.6.5 数据处理

记录实验原始数据于表 6-15 中。

实验日期：_____ 蒸气压力：_____ 换热器内管直径：_____ 长度：_____

表 6-15 实验原始数据记录表

实验序号	空气流量 $V/(m^3/h)$	空气进口温度 $t_1/℃$	空气出口温度 $t_2/℃$	空气进口侧蒸气温度 $T_1/℃$	空气出口侧蒸气温度 $T_2/℃$
1 …					

6.6.6 实验结果及分析报告

（1）冷流体对流传热系数的准数式为 $Nu/Pr^{0.4} = cRe^m$，由实验数据在双对数坐标纸上以 Re 为横坐标、$Nu/Pr^{0.4}$ 为纵坐标作图，拟合方程，确定式中常数 c 及 m。

（2）将两种方法处理实验数据的结果标绘在图上，并与教材中的比较。

（3）冷流体对流传热系数的实验值与由教材中经验式 $Nu/Pr^{0.4} = 0.023 Re^{0.8}$ 的计算值列表比较，计算各点误差，并分析讨论。

6.6.7 思考题

（1）实验中冷流体和蒸气的流向，对传热效果有何影响？

（2）在计算空气质量流量时所用到的密度值与求雷诺数时的密度值是否一致？它们分别表示什么位置的密度，应在什么条件下进行计算？

（3）实验过程中，冷凝水不及时排走，会产生什么影响？如何及时排走冷凝水？

（4）蒸气冷凝过程中，若存在不凝性气体，对传热有什么影响？如何排除不凝性气体？

（5）实验中空气流量如何调节？与离心泵调节流量的调节方法有何不同？

（6）如果采用不同压强的蒸气进行实验，对 α 关联式有何影响？

（7）实验过程中如何判断系统已经稳定可以读取数据？

6.6.8 实验数据处理

见表 6-16。

表 6-16 实验数据处理

实验原始数据记录部分					
序号	空气流量 $V/(m^3/h)$	空气进口侧蒸气温度 $T_1/℃$	空气出口侧蒸气温度 $T_2/℃$	空气进口温度 $t_1/℃$	空气出口温度 $t_2/℃$
1 …					

实验数据处理部分		
序号	对流传热系数 $\alpha/[W/(m^2 \cdot ℃)]$	雷诺数 Re	$Nu/Pr^{0.4}$
1 …			

6.7 填料吸收塔吸收总传质系数的测定

6.7.1 实验目的

（1）了解填料吸收塔装置的基本结构、流程及其操作。

（2）掌握吸收液相总体积传质系数 K_xa 和总传质单元高度 H_{OL} 的测定方法。

(3) 了解吸收剂用量对传质系数的影响，确定用水吸收二氧化碳的液膜体积传质系数 k_La 与喷淋密度 U 之间的函数关系。

(4) 了解气相色谱仪和六通阀的使用方法。

6.7.2 实验原理

6.7.2.1 总体积传质系数的测定

气体吸收是典型的传质过程之一。由于 CO_2 气体无味、无毒、廉价，所以气体吸收实验常选择 CO_2 作为溶质组分。本实验采用水吸收空气中的 CO_2 组分。一般 CO_2 在水中的溶解度很小，即使预先将一定量的 CO_2 气体通入空气中混合以提高空气中的 CO_2 浓度，水中的 CO_2 含量仍然很低，所以吸收的计算方法可按低浓度来处理，并且此体系 CO_2 气体的吸收过程属于液膜控制。因此，本实验主要测定液相总体积传质系数 K_Xa 和总传质单元高度 H_{OL}。

当吸收过程所涉及的浓度范围内平衡关系为直线时，以 ΔX 为推动力的液相总体积传质系数 K_Xa 可根据填料层高度 Z 的计算式计算：

$$Z = H_{OL} N_{OL} \tag{6-66}$$

式中　H_{OL}——液相总传质单元高度，m；
　　　N_{OL}——液相总传质单元数，量纲为1。

液相总传质单元高度与液相总体积传质系数 K_Xa 的关系为：

$$H_{OL} = \frac{L}{K_X a \Omega} \tag{6-67}$$

式中　Ω——塔截面积，m^2；
　　　L——通过塔截面水的摩尔流量，kmol/h。

本实验用转子流量计测得水的体积流量，然后根据实验条件（温度和压力）校正刻度，进一步换算得到水的摩尔流量，计算公式如下：

$$L = \frac{L_1 \times 10^{-3}}{18} \sqrt{\rho \rho_1 \frac{\rho_f - \rho}{\rho_f - \rho_1}} \tag{6-68}$$

式中　L_1——水转子流量计的流量指示值，L/h；
　　　ρ——操作条件下水的密度，kg/m^3；
　　　ρ_1——转子流量计标定条件下水的密度，kg/m^3；
　　　ρ_f——水转子流量计转子材料的密度，$7800kg/m^3$。

令脱吸因数为：　　　　　　　　$S = mV/L$

式中　m——相平衡常数，$m = E/p$，量纲为1；
　　　E——亨利系数，$E = f(t)$，Pa，根据液相温度 t 由资料查得；
　　　p——吸收操作总压，Pa；
　　　V——通过塔截面的空气的摩尔流量，kmol/h。本实验用转子流量计测得空气的体积流量，并根据实验条件（温度和压力）换算成空气的摩尔流量。换算公式如下：

$$V = \frac{V_1}{22.4 \times \frac{273.2 + T}{273.2 + T_0} \times \frac{p_0}{p}} \sqrt{\frac{\rho_1}{\rho} \times \frac{(\rho_f - \rho)}{(\rho_f - \rho_1)}} \tag{6-69}$$

式中　V_1——空气转子流量计的流量指示值，m^3/h；

T_0——标准状态下的温度,0℃;

p_0——标准状态下的压力,101.33kPa;

ρ_1——转子流量计标定条件下气体密度,1.2kg/m³;

ρ_f——空气转子流量计转子材料密度,7800kg/m³;

ρ——操作条件下空气密度,kg/m³,可用式(6-70)计算,其中空气压力本实验近似取为常压,即101.33kPa。

$$\rho = \frac{353.3}{273.2+T} \tag{6-70}$$

故式(6-69)简化为:

$$V = \frac{V_1 \times 0.15129}{273.2+T}\sqrt{\frac{(7800-\rho)}{\rho}} \tag{6-71}$$

液相总传质单元数可用式(6-72)计算:

$$N_{OL} = \frac{1}{1-\frac{1}{S}}\ln\left[\left(1-\frac{1}{S}\right)\frac{Y_2-Y_2^*}{Y_1-Y_1^*}+\frac{1}{S}\right] \tag{6-72}$$

式中 Y_1、Y_2——塔顶和塔底气相中溶质摩尔比组成,由实验测定,用气相色谱仪分别测出塔顶和塔底气相中溶质的质量百分率a_1和a_2,然后换算到摩尔比浓度,换算公式为:

$$Y = \frac{\frac{a}{44}}{\frac{100-a}{29}} \tag{6-73}$$

式中 Y_1^*、Y_2^*——与塔顶和塔底液相成平衡的气相中溶质的摩尔比组成,由亨利定律得到。

$$Y_1^* = mX_1 \tag{6-74}$$

$$Y_2^* = mX_2 \tag{6-75}$$

式中 X_1、X_2——塔底和塔顶液相中溶质摩尔比组成。

因清水吸收,故式中塔顶液相溶质的摩尔比组成$X_2=0$,塔底液相溶质的摩尔比组成X_1由全塔物料衡算得到:

$$V(Y_1-Y_2) = L(X_1-X_2) \tag{6-76}$$

式中 Y_2——塔顶气相中溶质摩尔比组成,由实验测定,用气相色谱仪测出塔顶气相中溶质的质量百分率a_2,然后用式(6-73)换算得到摩尔比浓度。

6.7.2.2 传质系数准数方程的关联

常压下在填料塔中用水吸收二氧化碳的液膜体积传质系数k_La与喷淋密度U之间的函数关系可由下列方程描述:

$$k_La = BU^m \tag{6-77}$$

式中 U——喷淋密度,$U=\frac{L}{\Omega}$,m³/(m²·h),即m/h;

k_La——液膜体积传质系数,kmol/(m³·h·kmol/m³),即1/h,与k_Xa关系为:

$$k_Xa = ck_La \tag{6-78}$$

式中 c——单位体积溶液中溶质与溶剂的总摩尔数,kmol/m³。

因 CO_2 在水中的溶解度很小，所以有：

$$k_Xa \approx K_Xa \tag{6-79}$$

式（6-77）两边取对数得：

$$\lg(k_La) = m\lg U + \lg B \tag{6-80}$$

改变液相流量，用上述方法测定不同流量下的传质系数 k_La，把不同的 k_La 和 U 标绘在双对数坐标纸上，可得一直线，其斜率就是 U 的指数 m，而由截距可得常数 B。

6.7.3 实验装置及流程

吸收实验装置由自来水源来的水经计温、转子流量计计量后送入填料塔塔顶经喷头喷淋在填料顶层，由风机送来的空气和由二氧化碳钢瓶来的二氧化碳混合后，一起进入气体中间贮罐，然后直接进入塔底，与水在塔内进行逆流接触，进行质量和热量的交换，由塔顶出来的尾气放空，吸收液从塔底排入地沟（图6-8）。

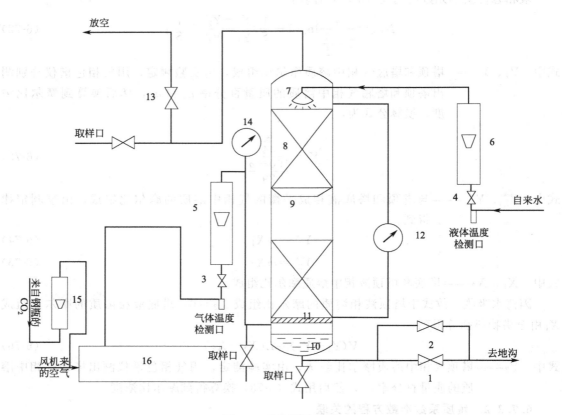

图6-8 吸收装置流程

1,2,13—球阀；3—气体流量调节阀；4—液体流量调节阀；5—气体转子流量计；
6—液体转子流量计；7—喷淋头；8—填料层；9—液体再分布器；10—塔底；11—支撑板；
12—压差计；14—压力表；15—二氧化碳转子流量计；16—气体混合罐

由于本实验为低浓度气体的吸收，所以热量交换可忽略，整个实验过程可看成是等温操作。

装置参数及说明如下。

（1）吸收塔：高效填料塔，塔径100mm，塔内装有金属丝网波纹规整填料或θ环散装填料，填料层总高度 2000mm。塔顶有液体初始分布器，塔中部有液体再分布器，塔底部有栅板式填料支承装置。填料塔底部有液封装置，以避免气体泄漏。

（2）填料规格和特性：金属丝网波纹规整填料，型号 JWB-700Y，规格 ϕ100mm×100mm，比表面积 700m^2/m^3。

（3）转子流量计：标定介质及标定条件见表 6-17。

表 6-17　转子流量计标定介质及标定条件

介质	条件			
	常用流量	最小刻度	标定介质	标定条件
空气	4m^3/h	0.1m^3/h	空气	20℃、1.0133×10^{5}Pa
CO_2	60L/h	10L/h	空气	20℃、1.0133×10^{5}Pa
水	600L/h	20L/h	水	20℃、1.0133×10^{5}Pa

（4）空气风机型号：旋涡式气泵。

（5）二氧化碳钢瓶。

（6）气相色谱仪分析。

6.7.4　实验步骤及注意事项

6.7.4.1　实验步骤

① 熟悉实验流程及弄清气相色谱仪及其配套仪器结构、原理、使用方法及其注意事项。

② 打开混合罐底部排空阀，待空气混合贮罐中的冷凝水排放完毕后关闭。

③ 打开总电源、仪表电源开关，进行仪表自检。

④ 开启水泵电源和进水阀门，让水进入填料塔润湿填料，仔细调节液体流量，使其流量稳定在某一实验值，同时通过调节阀门 1 和阀门 2 的开度控制好塔底液封，让塔底液位缓慢地在一段区间内变化，液面一般在 1/2 处，以免塔底液封过高溢满或过低而泄气。注意实验过程中必须时刻控制好塔底液封高度。

⑤ 启动风机，仔细调节风机出口阀门的开度，使其稳定在某一值。

⑥ 打开 CO_2 钢瓶总阀，并缓慢调节钢瓶的减压阀，注意减压阀的开关方向与普通阀门的开关方向相反，顺时针为开，逆时针为关，使其压力稳定在 0.1~0.2MPa。调节 CO_2 的流量，使其稳定在某一值。

⑦ 待塔中的压力靠近某一实验值时，仔细调节尾气放空阀的开度，直至塔中压力稳定在实验值。

⑧ 待塔操作稳定后，读取各流量、各温度、塔顶压力、塔顶塔底压差的值，通过六通阀在线进样，利用气相色谱仪分析出塔顶、塔底气相组成。

⑨ 改变液体流量，重复测量。

⑩ 实验完毕，依次关闭 CO_2 流量调节阀和钢瓶总阀、水流量调节阀和水泵电源、再关闭风机出口阀门及风机电源开关，清理实验仪器和实验场地。（实验完成后一般先停止水的流量再停止气体的流量，以防止液体从进气口倒压破坏管路及仪器。）

6.7.4.2　注意事项

① 固定好操作点后，应随时注意调整以保持各量不变。

② 在填料塔操作条件改变后，需要有较长的稳定时间，一定要等到稳定以后方能读取有关数据。

③ 由于 CO_2 在水中的溶解度很小，因此，在分析组成时一定要仔细认真，这是做好本

试验的关键。

④ 因水吸收 CO_2 为液膜控制，故实验时只需调节液体流量即可。

⑤ CO_2 和空气混合 20min 左右认为均匀，混合时可先测几个浓度值，认为稳定后再进行后续实验。

⑥ 相平衡常数 $m=f(t,p)$，因实验压力在 0.4MPa 以下，相对较小，故忽略 p 对 m 的影响，即认为 $m=f(t)$，由实验测得的温度查资料得到 m。相平衡常数与温度的关系见表 6-18 或由式（6-81）给出。

$$m = 0.23532 \times T_0^2 + 30.556 \times T_0 + 722.75 \tag{6-81}$$

式中，$T_0 = (t+T)/2$。

表 6-18　相平衡常数与温度的关系

T_0/℃	0	10	20	30	40	50
m	727.5	1046.4	1421.5	1855.9	2329.7	2833.2

⑦ 本实验同学需相互分工合作，切记有水喷淋时，塔底液面不可高于塔底进气口，否则会使 U 形压差计中指示剂冲出。

6.7.5　实验原始数据记录

记录实验原始数据，于表 6-19 中。

实验日期：_____　塔高：_____　塔径：_____　室温：_____　塔顶压强_____

表 6-19　吸收传质系数测定实验原始数据记录

序号	水		CO_2 流量 /(L/h)	混合气体			塔压降 /cmH₂O	CO_2 浓度	
	流量 L_1/(L/h)	温度/℃		流量 V_1/(m³/h)	表压/MPa	温度/℃		塔顶 /%（质量）	塔底 /%（质量）
1									
...									

6.7.6　实验结果及分析报告

（1）计算用水吸收二氧化碳的总体积传质系数、总传质单元高度。

（2）根据实验结果，在双对数坐标纸上绘图表示用水吸收二氧化碳的液膜体积传质系数 $k_L a$ 与液体喷淋密度之间的关系，关联方程 $k_L a = BU^m$ 中的系数 B、指数 m，对照化工原理书上的经验关联式，分析可能的误差。

6.7.7　思考题

（1）本实验中，为什么塔底要有液封？液封高度如何计算？

（2）测定 $K_X a$ 有什么工程意义？

（3）为什么二氧化碳吸收过程属于液膜控制？

（4）当气体温度和液体温度不同时，应用什么温度计算亨利系数？

（5）气体钢瓶开启、关闭时应如何正确操作？

（6）液体喷淋密度对总体积传质系数有何影响？

6.7.8　实验数据处理

见表 6-20。

表 6-20 吸收传质系数测定实验数据处理

序 号	原始数据记录部分							
	水		CO_2 流量 /(L/h)	混合气体			塔压降 /cmH_2O	CO_2 浓度	
	流量 L_1/(m³/h)	温度/℃		流量 V_1/(m³/h)	表压/MPa	温度/℃		塔顶 a_2 /%(质量)	塔底 a_1 /%(质量)
1 ...									

序 号	实验数据处理部分
	液相总体积传质系数 $K_X a$ /[kmol/(m³·h)]
1 ...	

6.8 精馏实验

6.8.1 实验目的

(1) 了解筛板精馏塔及其附属设备的基本结构，掌握精馏过程的基本操作方法。
(2) 观察板式塔塔板上气液接触状况。
(3) 学会判断精馏过程达到稳定的方法，掌握测定塔顶、塔釜溶液浓度的实验方法。
(4) 学会测定全回流以及部分回流操作时精馏塔全塔效率的实验方法。

6.8.2 实验原理

精馏是利用液体混合物中各组分挥发性能的不同使之分离的单元操作，其设备精馏塔根据塔内构件的不同，可分为板式塔和填料塔两大类。

在板式精馏塔中，塔板提供了气液两相接触的场所，在每块塔板上气液两相进行着传热和传质过程，因两相接触的时间和空间有限、塔内不正常的气液流动现象如雾沫夹带等，气液两相往往未达到平衡就已离开了塔板，从而在给精馏过程进行数学模拟时带来一定的困难。实际处理时，往往先假设每块塔板为理论板，即认为气液两相传热、传质达到相平衡，理论板与实际塔板的差异用板效率予以校正。

6.8.2.1 全塔效率 E_T

全塔效率又称总板效率，是指达到指定分离效果所需理论板数与实际板数的比值，即：

$$E_T = \frac{N_T - 1}{N_p} \times 100\% \tag{6-82}$$

式中 N_T——完成一定分离任务所需的理论塔板数，包括塔底再沸器；
N_p——完成一定分离任务所需的实际塔板数。

全塔效率简单地反映了整个塔内塔板的平均效率，说明了塔板结构、物性、操作状况对塔分离能力的影响。对于塔内所需理论塔板数 N_T，可由已知的双组分物系平衡关系，以及实验中测得的塔顶、塔釜馏出液的组成，回流比 R 和进料热状况参数 q 等，用图解法求得。

6.8.2.2 图解法求理论塔板数 N_T

图解法又称麦克布-蒂利 (McCabe-Thiele) 法，简称 M-T 法，其原理与逐板计算法完全相同，只是将逐板计算过程在 y-x 图上直观地表示出来。

精馏段的操作线方程为：

$$y_{n+1} = \frac{R}{R+1} x_n + \frac{x_D}{R+1} \tag{6-83}$$

式中　y_{n+1}——精馏段第 $n+1$ 块塔板上升的蒸汽组成，摩尔分数；
　　　x_n——精馏段第 n 块塔板下流的液体组成，摩尔分数；
　　　x_D——塔顶溜出液的液体组成，摩尔分数；
　　　R——回流比。

回流比 R 的确定：

$$R=\frac{L}{D} \tag{6-84}$$

式中　L——回流液量，kmol/s；
　　　D——馏出液量，kmol/s。

提馏段的操作线方程为：

$$y_{m+1}=\frac{RD+qF}{RD+qF-W}x_m-\frac{Wx_W}{RD+qF-W} \tag{6-85}$$

式中　y_{m+1}——提馏段第 $m+1$ 块塔板上升的蒸汽组成，摩尔分数；
　　　x_m——提馏段第 m 块塔板下流的液体组成，摩尔分数；
　　　x_W——塔底釜残液的液体组成，摩尔分数；
　　　F——原料流量，kmol/s；
　　　D——塔顶馏出液流量，kmol/s；
　　　W——塔釜馏出液流量，kmol/s；
　　　q——进料热状况参数，量纲为 1。

q 线方程可表示为：

$$y=\frac{q}{q-1}x-\frac{x_F}{q-1} \tag{6-86}$$

其中

$$q=1+\frac{c_{pF}(t_s-t_F)}{r_F} \tag{6-87}$$

式中　q——进料热状况参数；
　　　r_F——进料液组成下的汽化潜热，kJ/kmol；
　　　t_s——进料液的泡点温度，℃；
　　　t_F——进料液温度，℃；
　　　c_{pF}——进料液在平均温度 $(t_s+t_F)/2$ 下的比热容，kJ/(kmol·℃)；
　　　x_F——进料液组成，摩尔分数。

若精馏在全回流下操作，即无原料加入、无产品采出，则此时操作线在 y-x 图上为对角线，如图 6-9 所示，根据塔顶、塔釜的组成在操作线和平衡线间作梯级，即可得到理论塔板数。

全回流操作简单且容易达到稳定，所以虽然全回流在实际生产中无任何意义，但常应用在科学研究及工业生产的开停车。

若精馏在部分回流下操作，可用如下图解方法求理论塔板数，如图 6-10。

① 根据物系和操作压力在 y-x 图上作出相平衡曲线，并画出对角线作为辅助线；

② 在 x 轴上定出 $x=x_D$、x_F、x_W 三点，依次通过这三点作垂线分别交对角线于点 a、f、b；

③ 在 y 轴上定出 $y_C=x_D/(R+1)$ 的点 c，连接 a、c 作出精馏段操作线；

④ 由进料热状况求出 q 线的斜率 $q/(q-1)$，过点 f 作出 q 线交精馏段操作线于点 d；

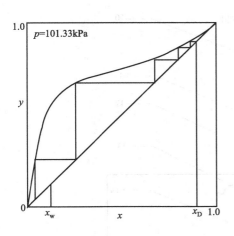 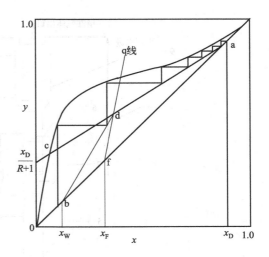

图 6-9 全回流时理论塔板数的确定　　图 6-10 部分回流时理论塔板数的确定

⑤ 连接点 d、b 作出提馏段操作线；

⑥ 从点 a 开始在平衡线和精馏段操作线之间画阶梯，当梯级跨过点 d 时，就改在平衡线和提馏段操作线之间画阶梯，直至梯级跨过点 b 为止；

⑦ 所画的总梯级数就是全塔所需的理论塔板数（包含再沸器），跨过点 d 的那块板就是加料板，其上的梯级数为精馏段的理论塔板数。

6.8.3　实验装置及流程

本实验装置的主体设备是筛板精馏塔，配套设备有加料系统、回流系统、产品出料管路、残液出料管路、进料泵和一些测量、控制仪表。

实验料液为乙醇水溶液，釜内液体由电加热器产生蒸气逐板上升，经与各板上的液体传质后，进入盘管式换热器壳程，冷凝成液体后再从集液器流出，一部分作为回流液从塔顶流入塔内，另一部分作为产品馏出，进入产品贮罐；残液流入釜液贮罐。精馏过程如图 6-11 所示。

6.8.4　实验步骤及注意事项

6.8.4.1　实验步骤

① 全回流操作

a. 配制浓度 15%～20%（体积）的料液加入贮罐中，打开进料管路上的阀门，由进料泵将料液打入塔釜，至釜容积的 2/3 处（由塔釜液位计可观察）。

b. 关闭塔身进料管路上的阀门，启动电加热管电源，调节加热电压至适中位置，使塔釜温度缓慢上升（因塔中部玻璃部分较为脆弱，若加热过快玻璃极易碎裂，使整个精馏塔报废，故升温过程应尽可能缓慢）。当釜液预热至沸腾后，要注意控制加热量以使精馏塔处于正常操作状态，若加热量太大，则塔内出现液泛现象从而使塔的正常操作遭到破坏，塔效率严重下降。

c. 预热开始后，及时打开塔顶冷凝器的冷却水阀，调节合适冷凝量，用水量应保持使塔顶上升蒸汽全部冷凝即可，过大一方面浪费水，另一方面回流温度太低；过少则蒸汽冷凝不完全，从而使蒸汽从塔顶喷出。同时关闭塔顶出料管路，使整个精馏塔处于全回流状态。

d. 由于开车前塔内存在较多不凝性气体（空气），开车以后要利用上升蒸气将其排出塔

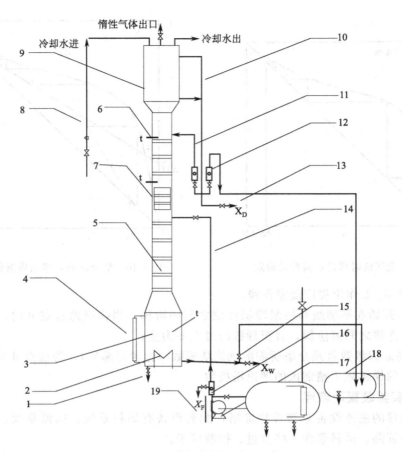

图 6-11 筛板塔精馏过程示意
1—塔釜排液口；2—电加热器；3—塔釜；4—塔釜液位计；5—塔板；
6—温度计；7—窥视节；8—冷却水管路；9—塔顶冷凝器；10—塔顶平衡管；
11—回流液流量计；12—塔顶出料流量计；13—产品取样口；14—进料管路；
15—塔釜出料管路；16—进料流量计；17—进料泵；18—产品储槽；19—料液取样口

外，因此开车后要检查冷凝器上的排气阀是否打开。注意：实验的操作压力为常压，因此排气阀的开启，并不仅仅是为了排除塔内的不凝性气体，更重要的是作为操作压力的一个控制点。

e. 当塔顶温度、灵敏板温度、塔釜温度和回流量稳定后，记录各参数并同时取出足量塔顶产品和塔釜残液于干净的锥形瓶中、并给该瓶标号以免出错，进行浓度分析。

f. 实验结束，关闭塔釜加热电源，待塔内温度冷至常温后关闭塔顶冷却水阀。排空装置中的物料于指定容器中。

② 部分回流操作

a. 在储料罐中配制一定浓度的乙醇水溶液（约10%～20%）。

b. 先按上述方法进行全回流操作，待塔全回流操作稳定时，打开进料阀，调节进料量至适当的流量。

c. 控制塔顶回流和出料两转子流量计的流量，调节回流比 $R(R=1\sim4)$。

d. 打开塔底出料阀，调节至适当的流量。

e. 当塔顶温度、灵敏板温度、塔釜温度稳定后即可取样、记录各数据,注意:进料、塔顶、塔釜从各相应的取样阀放出,取出足量样品于干净的锥形瓶中,并给该瓶标号以免出错。

f. 将样品进行浓度分析。

g. 实验结束关进料、停止再沸器加热、停止塔顶塔釜出料。待塔内温度冷至常温后关闭塔顶冷却水阀。排空装置中的物料于指定容器中。

6.8.4.2 注意事项

① 塔顶放空阀一定要打开,否则容易因塔内压力过大导致危险。

② 料液一定要加到设定液位 2/3 处方可打开加热管电源,否则塔釜液位过低会使电加热丝露出干烧致坏。

③ 实验过程需全程观察,以免塔釜料液液位过低、电加热丝露出干烧致坏以及避免塔内不正常操作现象。

④ 严禁在室内玩手机、打火机,以防火源引起燃烧爆炸。

6.8.5 实验原始数据记录

记录实验原始数据于表 6-21 中。

实验日期:_____ 精馏塔塔板类型:_____ 塔板数:_____ 室温:_____

表 6-21 板式塔精馏实验数据记录

项　　目		全回流	部分回流
回流比	回流液流量 $L/(L/h)$		
塔顶	温度 t_D/℃		
	组成 x_D		
	塔顶出料量 $D/(L/h)$		
塔釜	温度 t_W/℃		
	组成 x_W		
	塔釜出料量 $W/(L/h)$		
进料	温度 t_F/℃		
	组成 x_F		
	进料量 $F/(L/h)$		
	进料位置		
灵敏板	温度 t/℃		

6.8.6 实验结果及分析报告

(1) 分析并讨论实验过程中观察到的现象。

(2) 根据实验原始数据用图解法分别计算全回流和部分回流时的理论板数,并计算全塔效率,将实验结果与经验值作比较分析,分析可能的误差来源。

6.8.7 思考题

(1) 测定全回流和部分回流全塔效率需测几个参数?取样位置在何处?

(2) 查取进料液的汽化潜热时定性温度取何值?

(3) 试分析实验结果成功或失败的原因,提出改进意见。

(4) 如何判别精馏塔的操作已达稳定?

(5) 在精馏操作中,如果回流比为设计时的最小回流比,是否意味着精馏操作无法进行下去了?

(6) 进料板的位置是否对理论塔板数有影响？
(7) 为什么一般可以把塔釜当成一块理论板处理？
(8) 什么是全回流？全回流操作有何特点？全回流在精馏塔操作中有什么实际意义？
(9) 什么是灵敏板？
(10) 对于乙醇-水物系，本塔能否得到无水乙醇？若增加塔板数能吗？
(11) 精馏塔操作实验中，若进料热状况为冷液进料，当进料量太大时，为什么会出现精馏段干板，甚至出现塔顶既没有回流也没有出料的现象？应如何调节？
(12) 精馏塔塔釜加热功率大小对塔的操作有何影响？怎样维持正常的操作？

6.9 干燥特性曲线测定实验

6.9.1 实验目的

(1) 了解洞道式干燥装置的基本结构、工艺流程和操作方法。
(2) 学习测定物料在恒定干燥条件下干燥特性的实验方法。
(3) 掌握根据实验干燥曲线求取干燥速率曲线以及恒速阶段干燥速率、临界含水量、平衡含水量的实验分析方法。
(4) 实验研究干燥条件对于干燥过程特性的影响。

6.9.2 实验原理

在设计干燥器的尺寸或确定干燥器的生产能力时，被干燥物料在给定干燥条件下的干燥速率、临界湿含量和平衡湿含量等干燥特性数据是最基本的技术依据参数。由于实际生产中的被干燥物料的性质千变万化，因此对于大多数具体的被干燥物料而言，其干燥特性数据常常需要通过实验测定。

按干燥过程中空气状态参数是否变化，可将干燥过程分为恒定干燥条件操作和非恒定（或变动）干燥条件操作两大类。若用大量空气干燥少量物料，则可以认为湿空气在干燥过程中温度、湿度均不变，再维持空气速度以及与物料的接触方式不变，则这种操作称为恒定干燥条件下的干燥操作。干燥实验的目的是测定物料的干燥曲线和干燥速率曲线，它是在恒定的干燥条件下进行的。

6.9.2.1 干燥速率的定义

干燥速率的定义为单位干燥面积（提供湿分汽化的面积）、单位时间内所除去的湿分质量，即：

$$U = \frac{dW'}{S d\tau} = -\frac{G' dX}{S d\tau} \tag{6-88}$$

式中　U——干燥速率，又称干燥通量，$kg/(m^2 \cdot s)$；

　　　S——干燥表面积，m^2；

　　　W'——一批操作中汽化的湿分量，kg；

　　　τ——干燥时间，s；

　　　G'——一批操作中绝干物料的质量，kg；

　　　X——物料干基湿含量，kg 湿分/kg 干物料。

负号表示 X 随干燥时间的增加而减少。

6.9.2.2 干燥速率的测定方法

将湿物料试样置于恒定空气流中进行干燥实验,随着干燥时间的延长,水分不断汽化,湿物料质量减少。若记录物料不同干燥时间时的质量 G,直到物料质量不变为止,也就是物料在该条件下达到干燥极限为止,此时留在物料中的水分就是平衡水分 X^*。再将物料烘干后称重得到绝干物料重 G',则物料中瞬间干基含水率 X 为:

$$X = \frac{G - G'}{G'} \tag{6-89}$$

计算出每一时刻的瞬间干基含水量 X,然后将 X 对干燥时间 τ 作图,如图 6-12,即为干燥曲线。

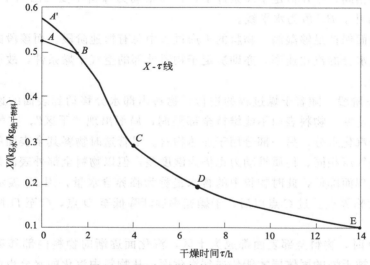

图 6-12　恒定干燥条件下的干燥曲线

上述干燥曲线还可以变换得到干燥速率曲线。由已测得的干燥曲线求出不同 X 下的斜率 $\dfrac{\mathrm{d}X}{\mathrm{d}\tau}$,再由式(6-88)计算得到干燥速率 U,将 U 对 X 作图,就是干燥速率曲线,如图 6-13 所示。

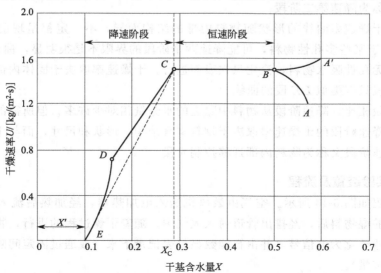

图 6-13　恒定干燥条件下的干燥速率曲线

6.9.2.3 干燥过程分析

① **预热段** 见图 6-12、图 6-13 中的 AB 段或 AB' 段。物料在预热段中,空气中部分热量用于加热物料,物料的含水率略有下降,温度则升至空气的湿球温度 t_W,干燥速率可能呈上升趋势变化,也可能呈下降趋势变化。预热段经历的时间很短,通常在干燥计算中忽略不计,有些干燥过程甚至没有预热段。本实验中也没有预热段。

② **恒速干燥阶段** 见图 6-12、图 6-13 中的 BC 段。该段内空气传给物料的显热恰等于水分从物料中汽化所需的汽化热,物料表面始终保持为空气的湿球温度 t_W,而物料水分不断汽化,含水率不断下降。但由于这一阶段去除的是物料表面附着的非结合水分,水分去除的机理与纯水的相同,故在恒定干燥条件下,传质推动力保持不变,因而干燥速率也不变。于是,在图 6-13 中,BC 段为水平线。

只要物料表面保持足够湿润,物料的干燥过程中总有恒速阶段。而该段的干燥速率大小取决于物料表面水分的汽化速率,亦即决定于物料外部的空气干燥条件,故该阶段又称为表面汽化控制阶段。

③ **降速干燥阶段** 随着干燥过程的进行,物料内部水分移动到表面的速度赶不上物料表面水分的汽化速率,物料表面不能维持全部湿润,局部出现"干区",空气传给物料的热量只有部分用于汽化水分,另一部分用于加热物料。尽管这时物料其余表面的平衡蒸气压仍与纯水的饱和蒸气压相同、传质推动力也仍为湿度差,但以物料全部外表面计算的干燥速率因"干区"的出现而降低,此时物料中的含水量称为临界含水量,用 X_C 表示,对应图 6-13 中的 C 点,称为临界点。过 C 点以后,干燥速率逐渐降低至 D 点,C 至 D 阶段称为降速第一阶段。

干燥到点 D 时,物料全部表面都成为干区,汽化面逐渐向物料内部移动,汽化所需的热量必须通过已被干燥的固体层才能传递到汽化面;从物料中汽化的水分也必须通过这层干燥层才能传递到空气主流中。干燥速率因热、质传递的途径加长而下降。此外,在点 D 以后,物料中的非结合水分已被除尽。接下去所汽化的是各种形式的结合水,因而,平衡蒸气压将逐渐下降,传质推动力减小,干燥速率也随之较快降低,直至到达点 E 时,速率降为零。这一阶段称为降速第二阶段。

降速阶段干燥速率曲线的形状随物料内部的结构而异,不一定都呈现前面所述的曲线 CDE 形状。对于某些多孔性物料,可能降速两个阶段的界限不是很明显,曲线好像只有 CD 段;对于某些无孔性吸水物料,汽化只在表面进行,干燥速率取决于固体内部水分的扩散速率,故降速阶段只有类似 DE 段的曲线。

与恒速阶段相比,降速阶段从物料中除去的水分量相对少许多,但所需的干燥时间却长得多。总之,降速阶段的干燥速率取决于物料本身结构、形状和尺寸,而与干燥介质状况关系不大,故降速阶段又称为物料内部迁移控制阶段。

6.9.3 实验装置及流程

本装置流程如图 6-14 所示。空气由鼓风机送入电加热器,经加热后流入干燥室,加热干燥室料盘中的湿物料后,经排出管道通入大气中。随着干燥过程的进行,物料失去的水分量由称重传感器转化为电信号,并由智能数显仪表记录下来(或通过固定间隔时间,读取该时刻的湿物料重量)。

本实验主要设备及仪器的规格如下:

(1) 鼓风机：BYF7122，370W；
(2) 电加热器：额定功率4.5kW；
(3) 干燥室：180mm×180mm×1250mm；
(4) 干燥物料：湿毛毡或湿砂；
(5) 称重传感器：CZ500型，0~300g。

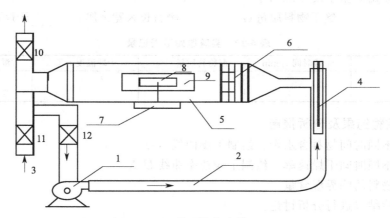

图6-14 洞道干燥实验装置流程
1—风机；2—管道；3—进风口；4—加热器；5—厢式干燥器；6—气流均布器；
7—称重传感器；8—湿毛毡；9—玻璃视镜门；10~12—蝶阀

6.9.4 实验步骤及注意事项

6.9.4.1 实验步骤

① 放置托盘，开启总电源，打开仪表电源开关。

② 检查阀12是否已开启，调节阀10、11至合适开度，开启风机电源。

③ 加热器通电加热，注意必须先通空气后开加热电源，旋转加热按钮至适当加热电压。在U形湿漏斗中加入一定水量，注意实验过程中保持湿漏斗中见到水面，并关注干球温度、湿球温度，干燥室温度（干球温度）要求达到恒定温度，本实验可设定干球温度在70℃。

④ 将毛毡加入一定量的水并使其润湿均匀，注意水量不能过多或过少，一般控制湿料的初始量为干料量的1.5倍。

⑤ 当干燥室温度恒定在70℃时，将湿毛毡十分小心地放置于称重传感器上，注意使毛毡表面与空气流方向平行（不可垂直）。

⑥ 记录时间和脱水量，实验刚开始时可每分钟记录一次，随实验进行可每2~3min记录一次；每2min记录一次干球温度和湿球温度。

⑦ 待毛毡恒重时，即为实验终了时，关闭仪表电源，注意保护称重传感器，非常小心地取下毛毡。

⑧ 将毛毡烘干后称重，测出毛毡的长、宽、厚。

⑨ 关闭空气加热电源，关闭风机，切断总电源，清理实验设备。

6.9.4.2 注意事项

① 必须先开风机，后开加热器，否则加热管可能会被烧坏。

② 特别注意传感器的负荷量仅为300g，放取毛毡时必须十分小心，绝对不能下压，以免损坏称重传感器。放置毛毡时需快速、避免烫伤。

③ 实验过程中，不要拍打、碰扣装置面板，以免引起料盘晃动，影响结果。

④ 干燥实验中，热空气温度可取 70℃，温度不可过低，否则实验时间太长，也不能超过 70℃，否则称重传感器测量不准确。

6.9.5 实验原始数据记录

记录实验原始数据于表 6-22 中。

实验日期：_____ 绝干物料质量 G'：_____ 物料长×宽×厚：_____ 干燥面积：_____

表 6-22 实验原始数据记录

实验序号	干燥时间 τ/min	湿物料质量 G/g	干球温度 t/℃	湿球温度 t_w/℃
1				
...				

6.9.6 实验结果及分析报告

(1) 计算不同时间物料含水量，绘制干燥曲线 X-τ。
(2) 计算不同时间干燥速率，绘制干燥速率曲线 U-X。
(3) 读取物料的临界湿含量。
(4) 对实验结果进行分析讨论。

6.9.7 思考题

(1) 什么是恒定干燥条件？本实验装置中采用了哪些措施来保持干燥过程在恒定干燥条件下进行？
(2) 控制恒速干燥阶段速率的因素是什么？控制降速干燥阶段干燥速率的因素又是什么？
(3) 为什么要先启动风机，再启动加热器？实验过程中干、湿球温度计是否变化？为什么？如何判断实验已经结束？
(4) 若加大热空气流量，干燥速率曲线有何变化？恒速干燥速率、临界湿含量又如何变化？为什么？
(5) 物料形状、尺寸不同时对干燥速率曲线有何影响？
(6) 说明空气温度、空气速度不同时，干燥速率曲线有何变化？
(7) 如何判断干燥速率已经为零？

6.9.8 实验数据处理

见表 6-23。

表 6-23 实验数据处理

实验序号	实验原始数据记录部分				实验数据处理部分	
	干燥时间 τ/min	湿物料质量 G/g	干球温度 t/℃	湿球温度 t_w/℃	干基含水量 X/(kg 水/kg 干料)	干燥速率 $U\times10^4$/[kg/(m²·s)]
1						
...						

6.10 板式塔流体力学性能实验

6.10.1 实验目的

(1) 观察板式塔各类型塔板的结构，比较各类型塔板上的气液接触状况。

(2) 实验研究各类型板式塔的极限操作状态，确定各类型塔板的漏液点和液泛点。

6.10.2 实验原理

板式塔是一种应用广泛的气液两相接触并进行传热、传质的塔设备，可用于吸收（解吸）、精馏和萃取等化工单元操作。与填料塔不同，板式塔属于分段接触式气液传质设备，塔板上气液接触的良好与否和塔板结构及气液两相相对流动情况有关，后者即是本实验研究的流体力学性能。

6.10.2.1 塔板的组成

各种塔板板面大致可分为三个区域，即溢流区、鼓泡区和无效区，见图 6-15。

降液管所占的部分称为溢流区。降液管的作用除使液体下流外，还须使泡沫中的气体在降液管中得到分离，不至于使气泡带入下一塔板而影响传质效率。因此液体在降液管中应有足够的停留时间使气体得以解脱，一般要求停留时间大于 3~5s。一般溢流区所占总面积不超过塔板总面积的 25%，对液流量很大的情况，可超过此值。

塔板开孔部分称为鼓泡区，即气液两相传质的场所，也是区别各种不同塔板的依据。

图 6-15 阴影部分所示则为无效区。因为在液体进口处液体容易自板上孔中漏下，故设一传质无效的不开孔区，称为进口安定区；而在出口处，由于进降液管的泡沫较多，也应设定不开孔区来破除一部分泡沫，又称破沫区。

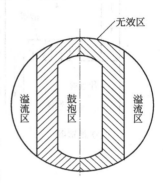

图 6-15 塔板板面

6.10.2.2 常用塔板类型

① 泡罩塔 这是最早应用于生产上的塔板之一，因其操作性能稳定，故一直到 20 世纪 40 年代还在板式塔中占绝对优势。后来逐渐被其他塔板代替，但至今仍占有一定地位，泡罩塔特别适用于容易堵塞的物系。

泡罩塔板见图 6-16（a）。塔板上装有许多升气管，每根升气管上覆盖着一只泡罩（多为圆形，也可以是条形或是其他形状）。泡罩下边缘或开齿缝或不开齿缝，操作时气体从升气管上升再经泡罩塔与升气管的环隙，然后从泡罩下边缘或经齿缝排出进入液层。

泡罩塔板操作稳定，传质效率（对塔板而言称为塔板效率）也较高。但有不少缺点：结构复杂、造价高、塔板阻力大。液体通过塔板的液面落差较大，因而易使气流分布不均造成气液接触不良。

② 筛板塔 筛板塔也是最早出现的塔板之一。从图 6-16（b）可知，筛板就是在板上打很多筛孔，操作时气体直接穿过筛孔进入液层。这种塔板早期一直被认为很难操作，只要气流发生波动，液体就不从降液管下来，而是从筛孔中大量漏下，于是操作也就被破坏。直到 1949 年以后才又对筛板进行试验，掌握了规律，发现能稳定操作。目前它在国内外已大量应用，特别在美国其比例大于下面介绍的浮阀塔板。

筛板塔的优点是构造简单、造价低，此外也能稳定操作，板效率也较高。缺点是小孔易堵（近年来发展了大孔径筛板，以适应大塔径、易堵塞物料的需要），操作弹性和板效率比下面介绍的浮阀塔板略差。

③ 浮阀塔　这种塔板见图 6-16（c），是在 20 世纪 40～50 年代才发展起来的，现在使用很广。在国内浮阀塔的应用占有重要地位，普遍获得好评。其特点是当气流在较大范围内波动时均能稳定地操作，弹性大，效率好，适应性强。

浮阀塔结构特点是将浮阀装在塔板上的孔中，能自由地上下浮动，随气速的不同，浮阀打开的程度也不同。

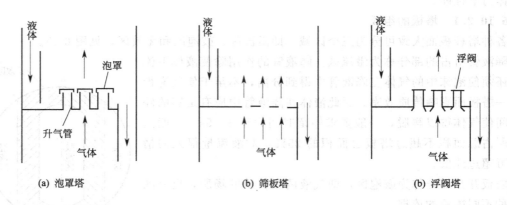

图 6-16　常用塔板示意

6.10.2.3　板式塔的操作

塔板的操作上限与操作下限之比称为操作弹性（即最大气量与最小气量之比或最大液量与最小液量之比）。操作弹性是塔板的一个重要特性。操作弹性大，则该塔稳定操作范围大，这是我们所希望的。

为了使塔板在稳定范围内操作，必须了解板式塔的几个极限操作状态。在本实验中，主要观察研究各塔板的漏液点和液泛点，也即塔板的操作上、下限。

① 漏液点　可以设想，在一定液量下，当气速不够大时，塔板上的液体会有一部分从筛孔漏下，这样就会降低塔板的传质效率。因此一般要求塔板应在不漏液的情况下操作。所谓"漏液点"是指刚使液体不从塔板上泄漏时的气速，此气体也称为最小气速。

② 液泛点　当气速大到一定程度，液体就不再从降液管下流，而是从下塔板上升，这就是板式塔的液泛。液泛速度也就是达到液泛时的气速。

现以筛板塔为例来说明板式塔的操作原理。见图 6-17，上一层塔板上的液体由降液管流至塔板上，并经过板上由另一降液管流至下一层塔板上。而下一层板上升的气体（或蒸气）经塔板上的筛孔，以鼓泡的形式穿过塔板上的液体层，并在此进行气液接触传质。离开液层的气体继续升至上一层塔板，再次进行气液接触传质。由此经过若干层塔板，由塔板结构和气液两相流量而定。在塔板结构和液量已定的情况下，鼓泡层高度随气速而变。通常在塔板以上形成三种不同状态的区间，靠近塔板的液层底部属鼓泡区，见图中1；在液层表面属泡沫区，见图中2；在液层上方空间属雾沫区，见图中3。

这三种状态都能起气液接触传质作用，其中泡沫状态的传质效果尤为良好。当气速不很大时，塔板上以鼓泡区为主，传质效果不够理想。随着气速增大到一定值，泡沫区增加，传质效果显著改善，相应的雾沫夹带虽有增加，但还不至于影响传质效果。如果气速超过一定范围，则雾沫区显著增大，雾沫夹带过量，严重影响传质效果。为此，在板式塔中必须在适宜的液体流量和气速下操作，才能达到良好的传质效果。

6 实验部分

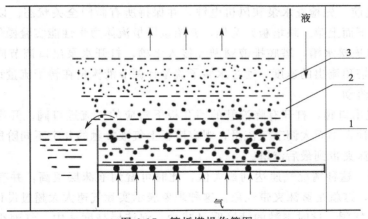

图 6-17 筛板塔操作简图

6.10.3 实验装置及流程

本装置主体由直径 200mm、板间距为 300mm 的 4 个有机玻璃塔节与两个封头组成的塔体，配以风机、水泵和气、液转子流量计及相应的管线、阀门等部件构成。塔体内由上而下安装四块塔板，分别为泡罩塔板、浮阀塔板、有降液管的筛孔板和无降液管的筛孔板，降液管均为内径 25mm 的有机圆柱管。流程示意见图 6-18。

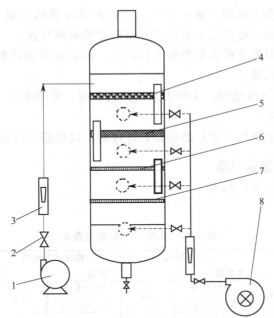

图 6-18 板式塔流体力学性能实验装置
1—增压水泵；2—调节阀；3—转子流量计；
4—泡罩塔板；5—浮阀塔板；
6—有降液管筛孔板；7—无降液管筛孔板；8—风机

6.10.4 实验步骤及注意事项

6.10.4.1 实验步骤

实验时，采用固定的水流量，改变不同的气速，观察各种气速时的运行情况。

① 实验开始前，先检查水泵和风机电源，并保持所有阀门全关状态。以下以有降液管的筛孔板（即自下而上第二块塔板）为例，介绍该塔板流体力学性能实验操作。

② 水泵进口连接水槽，塔底排液阀循环接入水槽，打开水泵出口调节阀，开启水泵电源。观察液流从塔顶流出的速度，通过水转子流量计调节液流量在转子流量计显示适中的位置，并保持稳定流动。

③ 打开风机出口阀，打开有降液管的筛孔板下对应的气流进口阀，开启风机电源。通过空气转子流量计自小而大调节气流量，观察塔板上气液接触的几个不同阶段，即由漏液至鼓泡、泡沫和雾沫夹带到最后淹塔。

a. 全开气阀　这种情况气速达到最大值，此时可看到泡沫层很高，并有大量液滴从泡沫层上方往上冲，这就是雾沫夹带现象。这种现象表示实际气速大大超过设计气速。

b. 逐渐关小气阀　这时飞溅的液滴明显减少，泡沫层高度适中，气泡很均匀，表示实际气速符合设计值，这是各类型塔正常运行状态。

c. 再进一步关小气阀　当气速大大小于设计气速时，泡沫层明显减少，因为鼓泡少，气、液两相接触面积大大减少，显然，这是各类型塔不正常运行状态。

d. 再慢慢关小气阀　可以看见塔板上既不鼓泡、液体也不下漏的现象。若再关小气阀，则可看见液体从塔板上漏出，这就是塔板的漏液点。

观察实验的两个临界气速，即作为操作下限的"漏液点"——刚使液体不从塔板上泄漏时的气速，和作为操作上限的"液泛点"——使液体不再从降液管（对于无降液管的筛孔板，是指不降液）下流，而是从下塔板上升直至淹塔时的气速。

对于其余另两种类型的塔板也是作如上的操作，最后记录各塔板的气液两相流动参数，计算塔板弹性，并作出比较。

④ 实验结束，关闭风机电源，关闭水泵出口调节阀，关闭水泵电源，排尽装置中的水。

6.10.4.2　注意事项

实验过程中，注意塔身与下水箱的接口处应液封，以免漏出风量。

6.10.5　实验原始数据记录

记录实验原始数据于表 6-24 中。

实验日期：_____

表 6-24　实验原始数据记录表

序号	泡罩塔板 水流量：		浮阀塔板 水流量：		有降液管筛板塔 水流量：		无降液管筛板塔 水流量：	
	空气流量 $V/(m^3/h)$	现象	空气流量 $V/(m^3/h)$	现象	空气流量 $V/(m^3/h)$	现象	空气流量 $V/(m^3/h)$	现象
1 ...								

6.10.6　实验结果及分析报告

根据实验现象计算各种类型塔板操作弹性，并作比较，分析可能的误差来源。

6.10.7　思考题

(1) 板式塔气液两相的流动特点是什么？

(2) 塔板上气液两相传质的接触状态有哪些？正常操作时应是什么状态？

6.11 填料塔流体力学性能测定

6.11.1 实验目的
(1) 了解填料塔装置的基本结构、流程及其操作。
(2) 通过测定空气流过干、湿填料塔的压力降，进一步掌握填料塔的流体力学性能规律。

6.11.2 实验原理
填料塔的流体力学性能直接影响到塔内的传质效果和塔的生产能力。填料塔的流体力学性能主要是指气体通过填料层的压强降 Δp、液泛气速 u_{max} 等参数，气体通过干填料塔时，由于局部阻力及摩擦力而产生压强降，此时压强降 Δp 仅与空塔气速 u 有关，而气体通过湿填料塔时的压强降 Δp 还与液体喷淋量 L 有关。气体通过填料塔的压强降 Δp 与空塔气速 u、液体喷淋量 L 在双对数坐标纸上的关系曲线见图 6-19。

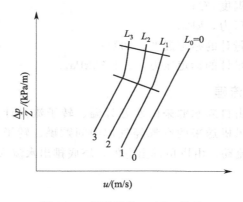

图 6-19 填料层的 $\Delta p/Z$-u 关系

当喷淋量为 0 时，干填料的 $\Delta p/Z$-u 的关系是直线，其斜率为 1.8～2.0。当有一定的喷淋量时，$\Delta p/Z$-u 的关系变成折线，并存在两个转折点，下转折点称为"载点"，上转折点称为"泛点"，这两个转折点将 $\Delta p/Z$-u 的关系分为 3 个区域，即恒持液量区、载液区与液泛区。

恒持液量区：当气速较小时，湿填料的 $\Delta p/Z$-u 关系线在干填料线的左上方（由于湿填料层内所持液体占据一定空间，气体的真实速度提高，压强降增大）且几乎与干填料线平行。

载液区：当气速增大到某一数值时，由于上升气流与下降液体间的摩擦力开始阻碍液体的顺利下降，使填料层内的持液量随气速的增大而增加，此种现象称为拦液现象，开始发生拦液现象时的空塔气速称为载点气速，超过载点气速后的 $\Delta p/Z$-u 关系线的斜率大于 2。

液泛区：当气速进入载液区而持续增大，则填料层内的持液量不断增多，而最终充满整个填料层间隙，在填料层内及顶部出现鼓泡，液体被气流大量带出塔顶，塔的操作极为不稳定，正常操作被破坏，此种现象称为填料塔的液泛现象，开始发生液泛现象时的空塔气速称为液泛气速或泛点气速，是填料塔正常操作气速的上限，超过泛点气速后压降几乎是垂直上升，其 $\Delta p/Z$-u 关系线的斜率大于 10。

上述 $\Delta p/Z$-u 关系线的转折点——载点和泛点，为填料塔选择适当操作条件提供了依据。填料塔的设计应保证在空塔气速低于泛点气速下操作，如果要求压强降很稳定，则宜在载点气速下工作。由于载点气速难以准确地测定，通常取操作空塔气速为泛点气速的50%～80%作为设计气速。

空塔气速 u 可由式（6-90）计算：

$$u=\frac{V_h}{3600\Omega} \tag{6-90}$$

式中　Ω——填料塔截面积，m^2，$\Omega=\frac{\pi}{4}D^2$，D 为塔径，m；

V_h——操作条件下空气的体积流量，m^3/h，由转子流量计计量，并经校正后得到，校正公式如下：

$$V_h=V_1\sqrt{\frac{p_1}{p}\times\frac{273.2+T}{273.2+T_1}} \tag{6-91}$$

式中　V_1——空气转子流量计的流量指示值，m^3/h；

T——空气的操作温度，℃；

p——空气的操作压力，kPa；

T_1——空气转子流量计的标定温度，20℃；

p_1——空气转子流量计的标定压力，101.33kPa。

6.11.3　实验装置及流程

实验装置见图 6-20，由自来水源来的水经计温、转子流量计计量后送入填料塔塔顶经喷头喷淋在填料顶层，由风机送来的空气经气体中间贮罐、转子流量计计量后直接进入塔底，与水在塔内进行逆流流动，由塔顶排出空气，塔底排出水流入地沟。填料层的压强降用 U 形管压差计测量。

装置参数及说明如下：

（1）吸收塔　高效填料塔，塔径100mm，塔内装有金属丝网波纹规整填料或 θ 环散装填料，填料层总高度2000mm。塔顶有液体初始分布器，塔中部有液体再分布器，塔底部有栅板式填料支承装置。填料塔底部有液封装置，以避免气体泄漏。

（2）填料规格和特性　金属丝网波纹规整填料，型号 JWB-700Y，规格 ϕ100mm×100mm，比表面积 $700m^2/m^3$。

（3）转子流量计　标定介质及标定条件见表 6-25。

表 6-25　转子流量计标定介质及标定条件

介质	条件			
	常用流量	最小刻度	标定介质	标定条件
空气	$4m^3/h$	$0.1m^3/h$	空气	20℃，1.0133×10^5Pa
水	600L/h	20L/h	水	20℃，1.0133×10^5Pa

（4）空气风机型号　旋涡式气泵

6.11.4　实验步骤及注意事项

6.11.4.1　实验步骤

① 熟悉实验流程。

② 打开混合罐底部排空阀，排放掉气体中间贮罐中的冷凝水。

6 实验部分

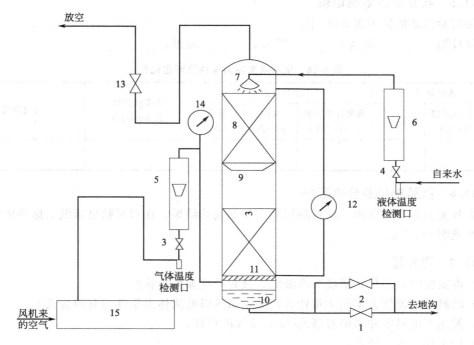

图 6-20　填料塔流体力学性能测定实验装置

1,2,13—球阀；3—气体流量调节阀；4—液体流量调节阀；5—气体转子流量计；
6—液体转子流量计；7—喷淋头；8—填料层；9—液体再分布器；10—塔底；
11—支撑板；12—压差计；14—压力表；15—气体中间贮罐

③ 打开总电源、仪表电源开关，进行仪表自检。

④ 干塔即水喷淋量为 0 时，检查塔底排液阀使处于关闭状态（否则气体会从此处排出）。

⑤ 启动风机，调节风机出口阀开度，记录不同空气流量下塔操作稳定后的空气的流量、压力、温度以及压差计读数。

⑥ 开启进水阀门，让水进入填料塔润湿填料，仔细调节液体转子流量计，使其流量稳定在某一实验值并记录下流量，同时控制好阀门 1、2 的开度，使塔底有适当的液封高度。

⑦ 调节风机出口阀开度，记录不同空气流量下塔操作稳定后的空气的流量、压力、温度以及压差计读数。

⑧ 选择另一水流量，重复步骤⑦。

⑨ 实验完毕，关闭水流量调节阀和水泵电源，再关闭风机出口阀门及风机电源，排空贮水槽中的水，清理实验场地。

6.11.4.2　注意事项

① 固定好操作点后，应随时注意调整以保持各量不变。

② 本装置建议水流量取 800～1000L/h。

③ 本实验同学需相互分工合作，切记有水喷淋时，塔底液面不可高于塔底进气口，否则会使压差计中指示剂冲出。

6.11.5 实验原始数据记录

记录实验原始数据于表 6-26 中。

实验日期：_____ 塔高：_____ 塔径：_____ 室温：_____

表 6-26 填料塔流体力学性能测定记录

序号	水喷淋量		空气参数			压差计读数 $R/\text{mmH}_2\text{O}$	塔内现象
	流量计指示值 $L_1/(\text{L/h})$	温度 $t/℃$	流量计指示值 $V_1/(\text{m}^3/\text{h})$	表压 p/MPa	温度 $t/℃$		
1 …							

6.11.6 实验结果及分析报告

计算各实验点空塔气速、填料层压降，根据实验结果，在双对数坐标纸上标绘填料塔流体力学性能图 $\Delta p/Z$-u。

6.11.7 思考题

（1）本实验中，为什么塔底要有液封？液封高度如何计算？
（2）填料塔的流体力学性能指什么？测定填料塔的流体力学性能有何意义？
（3）阐述干填料塔和湿填料塔 $\Delta p/Z$-u 曲线的特征。
（4）什么是载点、泛点？

6.11.8 实验数据处理

见表 6-27。

表 6-27 填料塔流体力学性能测定实验数据处理表

项目	实验原始数据记录部分						
	水喷淋量		空气参数			压差计读数 $R/\text{mmH}_2\text{O}$	塔内现象
序号	流量计指示值 $L_1/(\text{L/h})$	温度 $t/℃$	流量计指示值 $V_1/(\text{m}^3/\text{h})$	表压 p/MPa	温度 $t/℃$		
1 …							
项目	实验数据处理部分						
序号	填料层压降 $\Delta p/Z/(\text{kPa/m})$				空塔气速 $u/(\text{m/s})$		
1 …							

6.12 液-液转盘萃取

6.12.1 实验目的

（1）了解转盘萃取塔的基本结构、操作方法及萃取的工艺流程。
（2）观察转盘转速变化时，萃取塔内轻、重两相流动状况，了解萃取操作的主要影响因素，研究萃取操作条件对萃取过程的影响。
（3）掌握每米萃取高度的传质单元数 N_{OR}、传质单元高度 H_{OR} 和萃取率 η 的实验测法。

6.12.2 实验原理

萃取是分离和提纯物质的重要单元操作之一，是利用混合物中各个组分在外加溶剂中的溶解度的差异而实现组分分离的单元操作。使用转盘塔进行液-液萃取操作时，两种液体在塔内作逆流流动，其中一相液体作为分散相，以液滴形式通过另一种连续相液体，两种液相的浓度则在设备内作微分式的连续变化，并依靠密度差在塔的两端实现两液相间的分离。当轻相作为分散相时，相界面出现在塔的上端；反之，当重相作为分散相时，则相界面出现在塔的下端。

6.12.2.1 传质单元法的计算

计算微分逆流萃取塔的塔高时，主要是采取传质单元法，即以传质单元数和传质单元高度来表征，传质单元数表示过程分离程度的难易，传质单元高度表示设备传质性能的好坏。

$$H = H_{OR} N_{OR} \tag{6-92}$$

式中 H ——萃取塔的有效接触高度，m；

H_{OR} ——以萃余相为基准的总传质单元高度，m；

N_{OR} ——以萃余相为基准的总传质单元数，量纲为1。

按定义，N_{OR} 计算式为：

$$N_{OR} = \int_{X_R}^{X_F} \frac{\mathrm{d}x}{X - X^*} \tag{6-93}$$

式中 X_F ——原料液的组成，kgA/kgS；

X_R ——萃余相的组成，kgA/kgS；

X ——塔内某截面处萃余相的组成，kgA/kgS；

X^* ——塔内某截面处与萃取相平衡时的萃余相组成，kgA/kgS。

当萃余相浓度较低时，平衡曲线可近似为过原点的直线，操作线也简化为直线处理，如图 6-21 所示。

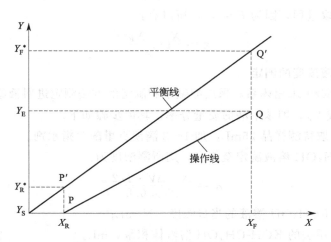

图 6-21 萃取平均推动力计算示意

则积分式（6-93）得：

$$N_{OR} = \frac{X_F - X_R}{\Delta X_m} \tag{6-94}$$

其中，ΔX_m 为传质过程的平均推动力，在操作线、平衡线作直线近似的条件下为：

$$\Delta X_m = \frac{(X_F - X^*) - (X_R - 0)}{\ln\dfrac{X_F - X^*}{X_R - 0}} = \frac{(X_F - \dfrac{Y_E}{K}) - X_R}{\ln\dfrac{X_F - \dfrac{Y_E}{K}}{X_R}} \quad (6\text{-}95)$$

式中　K——分配系数，例如对于本实验的煤油苯甲酸相-水相，$K=2.26$；

　　　Y_E——萃取相的组成，kgA/kgS。

对于 X_F、X_R 和 Y_E，分别在实验中通过取样滴定分析而得，Y_E 也可通过如下的物料衡算而得：

$$\begin{cases} F + S = E + R \\ F \cdot X_F + S \cdot 0 = E \cdot Y_E + R \cdot X_R \end{cases} \quad (6\text{-}96)$$

式中　F——原料液流量，kg/h；

　　　S——萃取剂流量，kg/h；

　　　E——萃取相流量，kg/h；

　　　R——萃余相流量，kg/h。

对稀溶液的萃取过程，因为 $F=R$，$S=E$，所以有：

$$Y_E = \frac{F}{S}(X_F - X_R) \quad (6\text{-}97)$$

本实验中，取 $F/S=1/1$（质量流量比），则式（6-97）简化为：

$$Y_E = X_F - X_R \quad (6\text{-}98)$$

6.12.2.2　萃取率的计算

萃取率 η 为被萃取剂萃取的组分 A 的量与原料液中组分 A 的量之比：

$$\eta = \frac{FX_F - RX_R}{FX_F} \quad (6\text{-}99)$$

对稀溶液的萃取过程，因为 $F = R$，所以有：

$$\eta = \frac{X_F - X_R}{X_F} \quad (6\text{-}100)$$

6.12.2.3　溶液浓度的测定

对于煤油苯甲酸相-水相体系，采用酸碱中和滴定的方法测定进料液组成 X_F、萃余液组成 X_R 和萃取液组成 Y_E，即苯甲酸的质量分率，具体步骤如下。

① 用移液管量取待测样品 25mL，加 1~2 滴溴百里酚兰指示剂。

② 用 $KOH\text{-}CH_3OH$ 溶液滴定至终点，则所测浓度为：

$$X = \frac{N \cdot \Delta V \cdot 122}{25 \times 0.8} \quad (6\text{-}101)$$

式中　N——$KOH\text{-}CH_3OH$ 溶液的当量浓度，N/mL；

　　　ΔV——滴定用去的 $KOH\text{-}CH_3OH$ 溶液体积量，mL。

此外，苯甲酸的分子量为 122g/mol，煤油密度为 0.8g/mL，样品量为 25mL。

③ 萃取相组成 Y_E 也可按式（6-98）计算得到。

6.12.3　实验装置及流程

实验装置如图 6-22 所示，主要设备萃取塔是转盘塔。

本实验以水为萃取剂，从煤油中萃取苯甲酸。煤油相为分散相，从塔底进，向上流动，

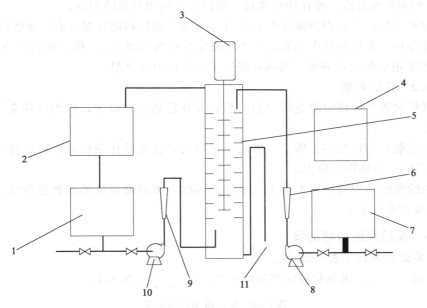

图 6-22 萃取流程示意

1—轻相槽；2—萃余相（回收槽）；3—电机搅拌系统；4—电器控制箱；5—萃取塔；
6—水流量计；7—重相槽；8—水泵；9—煤油流量计；10—煤油泵；11—萃取相导出

从塔顶出。水为连续相，从塔顶入，向下流动，至塔底经Π管闸阀调节两相的界面于一定高度后流出。水相和油相中的苯甲酸浓度由滴定的方法确定。由于水和煤油是完全不互溶的，而且苯甲酸在两相中的浓度都非常低，可以近似认为萃取过程中两相的体积流量保持恒定。

本装置操作时应先在塔内灌满连续相——水，然后开启分散相——煤油（含有饱和苯甲酸），待分散相在塔顶凝聚一定厚度的液层后，通过连续相的Π管闸阀调节两相的界面于一定高度，对于本装置采用的实验物料体系，凝聚是在塔的上端中进行（塔的下端也设有凝聚段）。本装置外加能量的输入，可通过直流调速器来调节中心轴的转速。

6.12.4 实验步骤及注意事项

6.12.4.1 实验步骤

① 将煤油配制成含苯甲酸的混合物（配制成饱和或近饱和），然后把它灌入轻相槽内。注意：勿直接在槽内配置饱和溶液，防止固体颗粒堵塞煤油输送泵的入口。

② 接通水管，将水灌入重相槽内，用磁力泵将它送入萃取塔内。注意：磁力泵切不可空载运行。

③ 通过调节转速来控制外加能量的大小，在操作时转速逐步加大，中间会跨越一个临界转速（共振点），一般实验转速可取 500r/min。

④ 水在萃取塔内搅拌流动，并连续运行 5min 后，开启分散相——煤油管路，调节两相的体积流量一般在 20~40L/h 范围内，根据实验要求将两相的质量流量比调为 1∶1。注意：在进行数据计算时，对煤油转子流量计测得的数据要校正，即煤油的实际流量应为 $V_{校} = \sqrt{\frac{1000}{800}} V_{测}$，其中 $V_{测}$ 为煤油流量计上的显示值。

⑤ 待分散相在塔顶凝聚一定厚度的液层后，再通过连续相出口管路中Π形管上的阀门

开度来调节两相界面高度，操作中应维持上集液板中两相界面的恒定。

⑥ 通过改变转速来分别测取效率 η 或 H_{OR} 从而判断外加能量对萃取过程的影响。

⑦ 取样分析。采用酸碱中和滴定的方法测定进料液组成 X_F、萃余液组成 X_R 和萃取液组成 Y_E，即苯甲酸的质量分率，具体步骤见实验原理中的介绍。

6.12.4.2 注意事项

① 在操作过程中要绝对避免塔顶的两相界面在轻相出口以上，因为这样会导致水相混入油相储槽。

② 由于分散相和连续相在塔顶、塔底滞留很大，改变操作条件后，稳定时间一定要足够长（约 0.5h），否则误差较大。

③ 煤油的实际体积流量并不等于流量计的读数，需对流量计的读数进行校正后才能得到煤油的实际体积流量。

6.12.5 实验原始数据记录

记录实验原始数据于表 6-28 中。

实验日期：_____ 氢氧化钾的当量浓度 $N_{KOH}=$ _____ N/mL

表 6-28 实验原始数据记录

序号	原料流量 $F/(L/h)$	溶剂流量 $S/(L/h)$	转速 n/rpm	滴定分析所用 KOH 的体积		
				$\Delta V_F/mL$	$\Delta V_R/mL$	$\Delta V_S/mL$
1						
...						

6.12.6 实验结果及分析报告

计算不同转速下的萃取效率，传质单元高度，并对实验结果进行分析讨论。

6.12.7 思考题

① 请分析比较萃取实验装置与吸收、精馏实验装置的异同点？

② 说说本萃取实验装置的转盘转速是如何调节和测量的？从实验结果分析转盘转速变化对萃取传质系数与萃取率的影响。

③ 测定原料液、萃取相、萃余相的组成可用哪些方法？采用中和滴定法时，标准碱为什么选用 $KOH-CH_3OH$ 溶液，而不选用 $KOH-H_2O$ 溶液？

6.12.8 实验数据处理

见表 6-29。

表 6-29 实验数据处理表

序号	实验原始数据记录部分					
	原料流量 $F/(L/h)$	溶剂流量 $S/(L/h)$	转速 $n/(r/min)$	滴定分析所用 KOH 的体积		
				$\Delta V_F/mL$	$\Delta V_R/mL$	$\Delta V_E/mL$
1						
...						

序号	实验数据处理部分					
	浓度			传质单元数 N_{OR}	传质单元高度 H_{OR}/m	效率 η
	X_F	X_R	Y_E			
1						
...						

6.13 固体流态化实验

6.13.1 实验目的
(1) 观察聚式和散式流态化的实验现象。
(2) 学会流体通过颗粒层时流动特性的测量方法。
(3) 测定临界流化速度,并作出流化曲线图。

6.13.2 实验原理
流态化是一种使固体颗粒通过与流体接触而转变成类似于流体状态的操作。近年来,这种技术发展很快,许多工业部门在处理粉粒状物料的输送、混合、涂层、换热、干燥、吸附、煅烧和气-固反应等过程中,都广泛地应用了流态化技术。

6.13.2.1 固体流态化过程的基本概念
如果流体自下而上地流过颗粒层,则根据流速的不同,会出现三种不同的阶段,如图 6-23 所示。

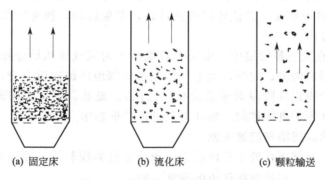

图 6-23 流态化过程的几个阶段

① 固定床阶段 如果流体通过颗粒床层的表观速度(即空床速度) u 较低,使颗粒空隙中流体的真实速度 u_1 小于颗粒的沉降速度 u_t,则颗粒基本上保持静止不动,颗粒称为固定床。如图 6-23(a) 所示。

② 流化床阶段 当流体的表观速度 u 加大到某一数值时,真实速度 u_1 比颗粒的沉降速度 u_t 大了,此时床层内较小的颗粒将松动或"浮起",颗粒层高度也有明显增大。但随着床层的膨胀,床内空隙率 ε 也增大,而 $u_1 = u/\varepsilon$,所以,真实速度 u_1 随后又下降,直至降到沉降速度 u_t 为止。也就是说,在一定的表观速度下,颗粒床层膨胀到一定程度后将不再膨胀,此时颗粒悬浮于流体中,床层有一个明显的上界面,与沸腾水的表面相似,这种床层称为流化床。如图 6-23(b) 所示。

因为流化床的空袭率随流体表观速度增大而变大,因此,能够维持流化床状态的表观速度可以有一个较宽的范围。实际流化床操作的流体速度原则上要大于起始流化速度,又要小于带出速度,而这两个临界速度一般均由实验测出。

③ 颗粒输送阶段 如果继续提高流体的表观速度 u,使真实速度 u_1 大于颗粒的沉降速度 u_t,则颗粒将被气流带走,此时床层上界面消失,这种状态称为气力输送。见图 6-23(c)。

6.13.2.2 固体流态化的分类

流态化按其性状的不同,可以分成两类,即散式流态化和聚式流态化。

散式流态化一般发生在液-固系统。此种床层从开始膨胀直到气力输送,床内颗粒的扰动程度是平缓地加大的,床层的上界面较为清晰。

聚式流态化一般发生在气-固系统,这也是目前工业上应用较多的流化床形式。从起始流态化开始,床层的波动逐渐加剧,但其膨胀程度却不大。因为气体与固体的密度差别很大,气流要将固体颗粒推起来比较困难,所以只有小部分气体在颗粒间通过,大部分气体则汇成气泡穿过床层,而气泡穿过床层时造成床层波动,它们在上升过程中逐渐长大和互相合并,到达床层顶部则破裂而将该处的颗粒溅散,使得床层上界面起伏不定。床层内的颗粒则很少分散开来各自运动,而多是聚结成团地运动,成团地被气泡推起或挤开。

聚式流化床中有以下两种不正常现象。

① 腾涌现象 如果床层高度与直径的比值过大,气速过高时,就容易产生气泡的相互聚合,而成为大气泡,在气泡直径长大到与床径相等时,就将床层分成几段,床内物料以活塞推进的方式向上运动,在达到上部后气泡破裂,部分颗粒又重新回落,这即是腾涌,又称节涌。腾涌严重地降低床层的稳定性,使气-固之间的接触状况恶化,并使床层受到冲击,发生震动,损坏内部构件,加剧颗粒的磨损与带出。

② 沟流现象 在大直径床层中,由于颗粒堆积不匀或气体初始分布不良,可在床内局部地方形成沟流。此时,大量气体经过局部地区的通道上升,而床层的其余部分仍处于固定床阶段而未被流化(死床)。显然,当发生沟流现象时,气体不能与全部颗粒良好接触,将使工艺过程严重恶化。

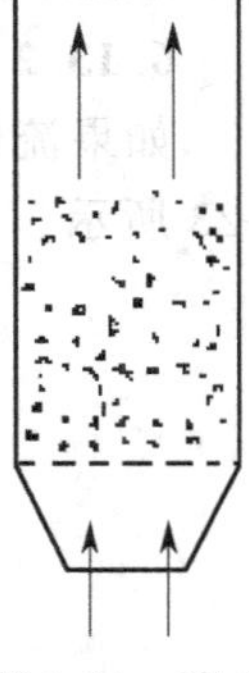

图 6-24 聚式流态化

6.13.2.3 流化床压降与流速关系

床层一旦流化,全部颗粒处于悬浮状态。现取床层为控制体,并忽略流体与容器壁面间的摩擦力,对控制体作力的衡算,则:

$$\Delta p A = m_s g + m_1 g \tag{6-102}$$

式中 Δp ——床层的压力差,N/m^2;

A——空床截面积,m^2;

m_s——床层颗粒的总质量,kg;

m_1——床层内流体的质量,kg;

g——重力加速度,$9.81 m/s^2$。

而

$$m_1 = (AL - \frac{m_s}{\rho_p})\rho \tag{6-103}$$

式中 L——床层高度,m;

ρ——流体密度,kg/m^3;

ρ_p——固体颗粒的密度,kg/m^3。

将式(6-103)代入式(6-102),并引用广义压力概念,整理得:

$$\Delta \Gamma = \Delta p - L\rho g = \frac{m_s}{A\rho_p}(\rho_p - \rho)g \tag{6-104}$$

式中 $\Delta \Gamma$——广义压差,Pa。

由于流化床中颗粒总量保持不变，故广义压差$\Delta\Gamma$恒定不变，与流体速度无关，在图 6-25 中可用一水平线表示，如 BC 段所示。注意，图中 BC 段略向上倾斜是由于流体与器壁及分布板间的摩擦阻力随流速增大而造成的。又由流体的机械能衡算方程可知，$\Delta\Gamma$ 数值上等于流体通过床层的阻力损失。

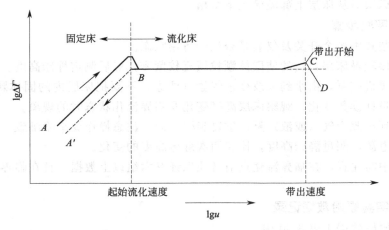

图 6-25　流化床压力降与气速关系

图中 AB 段为固定床阶段，由于流体在此阶段流速较低，通常处于层流状态，广义压差与表观速度的一次方成正比，因此该段为斜率等于 1 的直线。图中 $A'B$ 段表示从流化床回复到固定床时的广义压差变化关系，由于颗粒由上升流体中落下所形成的床层较人工装填的疏松一些，因而广义压差也小一些，故 $A'B$ 线段处在 AB 线段的下方。

图中 CD 段向下倾斜，表示此时由于某些颗粒开始为上升流体所带走，床内颗粒量减少，平衡颗粒重力所需的压力自然不断下降，直至颗粒全部被带走。

根据流化床恒定压差的特点，在流化床操作时可以通过测量床层广义压差来判断床层流化的优劣。如果床内出现腾涌，广义压差将有大幅度的起伏波动；若床内发生沟流，则广义压差较正常时为低。

6.13.3　实验装置及流程

该实验设备是由水、气两个系统组成的，其流程如图 6-26 所示。两个系统各有一透明二维床，床底部为多孔板均布器，床层内的固体颗粒为石英砂。

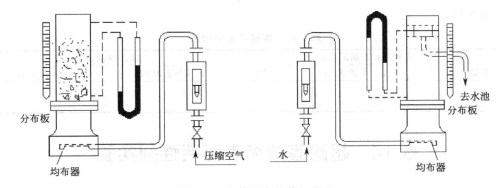

图 6-26　固体流态化装置流程

采用空气系统做实验时，空气由风机供给，经过流量调节阀、转子流量计、气体分布器进入分布板，空气流经二维后由床层顶部排出。通过调节空气流量，可以进行不同流动状态下的实验测定。设备中装有压差计指示床层压降，标尺用于测量床层高度的变化。

采用水系统实验时，用泵输送的水经过流量调节阀、转子流量计、液体分布器送至分布板，水经二维床层后从床层上部溢流至下水槽。

6.13.4 实验步骤

（1）检查装置中各个开关及仪表是否处于备用状态。
（2）用木棒轻敲床层，目的使固体颗粒填充较紧密，然后测定静床高度。
（3）启动风机或泵，由小到大改变进气量（注意，不要把床层内的固体颗粒带出），记录压差计和流量计读数变化。观察床层高度变化及临界流化状态时的现象。
（4）由大到小改变气（或液）量，重复步骤（3），注意操作要平稳细致。
（5）关闭电源，测量静床高度，比较两次静床高度的变化。
（6）实验中需注意，在临界流化点前必须保证有六组以上数据，且在临界流化点附近应多测几组数据。

6.13.5 实验原始数据记录

记录实验原始数据于表 6-30 中。

实验日期_____ 床层截面积_____ 实验前静床高度_____ 实验后静床高度_____

表 6-30 实验原始数据记录

序号	流量 V_s/(L/h)	压差计读数 R/cm	现象
1 ...			

6.13.6 实验结果及分析报告

（1）在双对数坐标纸上作出 $\Delta\Gamma$-u 曲线，并找出临界流化速度。
（2）对实验中观察到的现象，运用气（液）体与颗粒运动的规律加以解释。

6.13.7 思考题

（1）实际流化时，由压差计测得的广义压差为什么会波动？
（2）由小到大改变流量与由大到小改变流量测定的流化曲线是否重合？为什么？
（3）流化床底部流体分布板的作用是什么？

6.13.8 实验数据处理

见表 6-31。

表 6-31 实验数据处理表

序号	实验原始数据记录部分			实验数据处理部分	
	流量 V_s/(L/h)	压差计读数 R/cm	现象	广义压差 $\Delta\Gamma$/Pa	空床速度 u/m
1 ...					

6.14 超滤膜浓缩表面活性剂实验

6.14.1 实验目的

（1）了解和熟悉超滤膜分离的主要工艺参数。

(2) 了解液相膜分离技术的特点。

(3) 培养并掌握超滤膜分离的实验操作技能。

6.14.2 实验原理

膜分离法是用天然或人工合成的膜，以外界能量或化学位差为推动力，对双组分或多组分的溶质与溶剂进行分离、分级、提纯和富集的方法，因而它可用于液相和气相。目前，膜分离包括反渗透（RO）、纳滤（NF）、超滤（UF）、微滤（MF）、渗透汽化（PV）和气体分离（GS）等，其中超滤膜分离过程具有无相变、设备简单、效率高、占地面积小、操作方便、能耗少和适应性强等优点，一般来说，超滤膜截留相对分子质量为 500～1000000（孔径 1～100nm），它广泛应用于电子、饮料、食品、医药和环保等各个领域。本实验采用中空纤维超滤膜浓缩表面活性剂，借此了解和熟悉新的膜分离技术。

图 6-27 是各种渗透膜对不同物质的截留示意图。对于超滤（UF）而言，一种被广泛用来形象地分析超滤膜分离机理的说法是"筛分"理论。该理论认为，膜表面具有无数微孔，这些实际存在的不同孔径的孔眼像筛子一样，截留住了分子直径大于孔径的溶质和颗粒，从而达到了分离的目的。最简单的超滤器的工作原理（如图 6-28 所示）如下：在一定的压力作用下，当含有高分子 A 和低分子 B 溶质的混合溶液流过被支撑的超滤膜表面时，溶剂（如水）和低分子溶质（如无机盐类）将透过超滤膜，作为透过物被搜集起来；高分子溶质（如有机胶体）则被超滤膜截留而作为浓缩液被回收。应当指出的是，若超滤完全用"筛分"的概念来解释，则会非常含糊。在有些情况下，似乎孔径大小是物料分离的唯一支配因素；但对有些情况，超滤膜材料表面的化学特性却起到了决定性的截留作用。如有些膜的孔径既比溶剂分子大，又比溶质分子大，本不应具有截留功能，但令人意外的是，它却仍具有明显的分离效果。由此可知，比较全面一些的解释是：在超滤膜分离过程中，膜的孔径大小和膜表面的化学性质等，将分别起着不同的截留作用，因此，不能简单地分析超滤现象，孔结构是重要因素，但不是唯一因素，另一重要因素是膜表面的化学性质。一般情况下，超滤膜的性能有渗透通量和截留率。

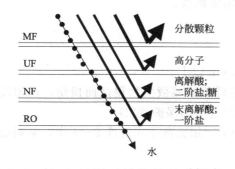

图 6-27　各种渗透膜对不同物质的截留示意

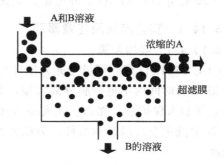

图 6-28　超滤器工作原理示意

6.14.3 实验装置及流程

实验装置示意见图 6-29 所示，主要设备是中空纤维超滤膜组件，其参数为：组件型号：XZL-UF-10-1；膜面积：0.25m^2；适宜流量：20～50L/h。

膜组件由 20～100 根、内径为 1.0mm 的中空纤维组成，膜材料为聚醚砜，该组件为内压式中空纤维超滤膜组件，包括两台离心泵，两个转子流量计，一个 20L 料液桶，两个压力表，压力范围 6MPa。

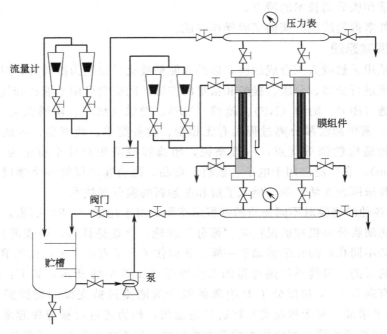

图 6-29 中空纤维超滤膜浓缩表面活性剂实验装置示意

实验时表面活性剂料液经泵输送到中空纤维超滤膜组件，并从下部进入膜组件，之后表面活性剂料液被分为两部分：一是透过液，即透过膜的稀溶液，该稀溶液由流量计计量后回到表面活性剂料液储罐；二是浓缩液，即未透过膜的溶液（浓度高于料液）。浓缩液经转子流量计计量后也回到料液储槽。在本流程中，阀门处可为膜组件加保护液（1%甲醛溶液）用；阀门处可放出保护液；预过滤器是 200 目不锈钢网过滤器，作用是拦截料液中的不溶性杂质，以保护膜不受阻塞。

实验采用 UV751GD 紫外可见分光光度计测定溶液浓度。

6.14.4 实验步骤及注意事项

6.14.4.1 实验步骤

① UV751GD 紫外可见分光光度计通电预热 20min 以上。

② 若长时间内不进行膜分离实验，为防止中空纤维膜被微生物侵蚀而损伤，在超滤组件内必须加入保护液。然而，在实验前必须将超滤组件中的保护液放净。

③ 清洗中空纤维超滤组件，为洗去残余的保护液，用去离子水清洗 2～3 次，然后放净清洗液。

④ 检查实验系统阀门开关状态，使系统各部位的阀门处于正常运转的"开"或"关"状态。

⑤ 预先配制表面活性剂料液，并加入料液槽计量，记录表面活性剂料液的体积。用移液管移取料液 5mL 放入 100mL 的容量瓶中，用 UV751GD 紫外可见分光光度计测定原料液的初始浓度。UV751GD 紫外可见分光光度计的使用方法参见本教材 3.7 部分的内容。

⑥ 向泵内灌满原料液，然后启动泵。调节流量至所需值。

⑦ 待泵稳定运转 30min 后，取样分析。取样分析方法是：从表面活性剂料液贮槽中用移液管移取 5mL 原料液于 100mL 容量瓶中；与此同时，在透过液出口端用 100mL 烧杯接

取透过液约 50mL，然后用移液管从烧杯中移取 10mL 于第二个容量瓶中；以及在浓缩液出口端用 100mL 烧杯接取浓缩液约 50mL，并用移液管从烧杯中移取 5mL 于第三个容量瓶中。注意各容量瓶必须做好标签，以免混淆。利用 UV751GD 紫外可见分光光度计（波长 224nm），分别测定 3 个容量瓶中的表面活性剂浓度并作好记录。

⑧ 分析完毕后将烧杯中剩余原料液、透过液和浓缩液全部倾入表面活性剂料液储槽中，充分混匀。然后改变原料液流量，重复步骤⑦进行下一个流量实验。

⑨ 实验完毕后即可停泵。

⑩ 清洗中空纤维超滤组件。待超滤组件中的表面活性剂溶液放净之后，用去离子水代替原料液，在较大流量下运转 20min 左右，清洗超滤组件中残余表面活性剂溶液。

⑪ 加保护液。如果一天以上不使用超滤组件，须加入保护液至中空纤维超滤组件的 2/3 高度，然后密闭系统，避免保护液损失。

⑫ 将 UV751GD 紫外可见分光光度计清洗干净，放在指定位置，以及切断分光光度计的电源。

6.14.4.2 注意事项

① 启动泵之前，必须向泵内灌满原料液。
② 取样的样品料液须回收。

6.14.5 实验原始数据记录

记录实验条件和原始数据于表 6-32 中。

表 6-32 实验原始数据记录表

压力（表压）：____MPa；温度：____℃；吸收波长 λ：_____nm

序号	起止时间	吸光度 A			流量/(L/h)		
		原料液	浓缩液	透过液	原料液	浓缩液	透过液
1							
...							

6.14.6 实验结果及分析报告

（1）配制不同浓度的表面活性剂，测其吸光度，绘制标准曲线 A-c 图。由标准曲线，根据原料液、浓缩液和透过液的吸光度，读取其各自对应的浓度。

（2）由如下公式：

$$\text{表面活性剂截留率} R = \frac{\text{原料液初始浓度} - \text{透过液浓度}}{\text{原料液初始浓度}} \times 100\% \tag{6-105}$$

$$\text{透过液通量} J = \frac{\text{渗透液体积}}{\text{实验时间} \times \text{膜面积}} \tag{6-106}$$

$$\text{表面活性剂浓缩倍数} N = \frac{\text{浓缩液中表面活性剂浓度}}{\text{原料液中表面活性剂浓度}} \tag{6-107}$$

计算表面活性剂截留率 R、透过液通量 J、表面活性剂浓缩倍数 N，列于表 6-33 中。

表 6-33 实验数据处理表

序号	实验时间 t/h	浓度 c/(g/L)			流量/(L/h)			截留率 R/%	透过液通量 J/[L/(m²·h)]	表面活性剂浓缩倍数 N
		原料液	浓缩液	透过液	原料液	浓缩液	透过液			
1										
...										

(3) 绘制表面活性剂截留率 R、透过液通量 J、表面活性剂浓缩倍数 N 与原料液流量的关系曲线，并分析原料液流量对表面活性剂截留率 R、透过液通量 J、表面活性剂浓缩倍数 N 的影响。

(4) 绘制表面活性剂截留率 R、透过液通量 J、表面活性剂浓缩倍数 N 与表面活性剂浓度 c 的关系曲线，并分析表面活性剂浓度 c 对表面活性剂截留率 R、透过液通量 J 和表面活性剂浓缩倍数 N 的影响。

(5) 绘制透过液通量 J 与实验时间 t 的关系曲线。

6.14.7 思考题

(1) 超滤组件长期不用时，为何要加保护液？
(2) 在实验中，如果操作压力过高会有什么结果？
(3) 提高料液的温度对膜通量有什么影响？
(4) 在启动泵之前为何要灌泵？

7 仿真实验部分

7.1 流体流动阻力的测定仿真实验

7.1.1 仿真实验内容

本仿真实验是流体流动阻力的测定实验的配套仿真操作实验,是采用计算机模拟测定流体流经直管时的摩擦阻力损失,根据仿真实验数据确定摩擦阻力系数 λ 与雷诺数 Re 的关系,绘出在一般湍流区内 λ 与 Re 的关系曲线。

7.1.2 仿真实验步骤

(1) 双击仿真程序图标,进入图 7-1 所示界面。

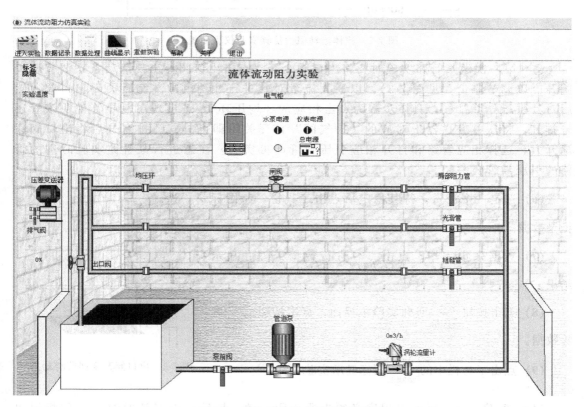

图 7-1 流体流动阻力仿真实验界面

(2) 在"实验温度"方框内,填入实际将要进行实验的室温,该值对其后的模拟数据处理等均有影响,故可供实际状况下操作结果的对比。

(3) 点击工具栏 图标或输完实验温度后直接按回车进入实验。

(4) 开始实验,首先先将"泵前阀"打开(点击标签 标签显示 可以指示各阀门和测量执行机构的名称,点击 标签隐藏 可关闭指示),然后点击主界面电源面板部分进入电源面板,在确定全部的出水阀门全关闭后,依次打开"总电源"、"水泵电源"、"仪表电源",电源面板如图7-2 所示。

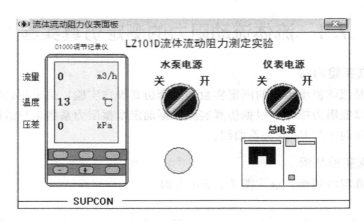

图 7-2 流体流动阻力仿真实验仪表面板

(5) 第一次做某管路实验时要将出口阀全开(点击出口阀,出现滑动条来调节出口阀开度以调节流量,见图 7-3),以最大流量对其进行冲洗,冲洗完后关闭出口阀,然后对其引压导管排气,具体步骤为点击相应的"均压环",若出现白色导管说明该管还未排气,将压差变送器上对应的"排气阀"打开关闭即可排气。排完气后将出口阀逐渐开大,选择相应管路和打开相应引压导管即可实验,注意进行某管路实验时别的管路的引压导管要关闭。

(6) 选定一个流量,待其稳定后点击工具栏 数据记录 图标记录数据。

(7) 数据采集完毕,点击 数据处理 进行数据处理并显示结果。

(8) 点击按钮 ← 回到实验主界面,点击按钮 ✕ 删除数据。

(9) 点击工具栏中的 曲线显示 图标显示实验曲线。

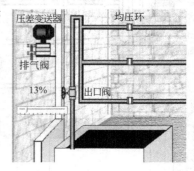

图 7-3 出口阀开度调节滑动条

(10) 实验结束,要退出程序必须先要关闭电源,最后点击工具栏的 退出 图标退出程序。

(11) 以上仿真操作中,若有次序问题或误操作,系统会有警告或提示框出现,点击"确定",并改正操作即可。

7.2 离心泵特性曲线测定仿真实验

7.2.1 仿真实验内容

本仿真实验是离心泵特性曲线测定实验的配套仿真操作实验,是采用计算机模拟测定离心泵的特性曲线,掌握使用离心泵输送流体的正确操作步骤,并绘制一定转速下离心泵的特性曲线。

7.2.2 仿真实验步骤

(1) 双击仿真程序图标,进入图7-4所示界面。

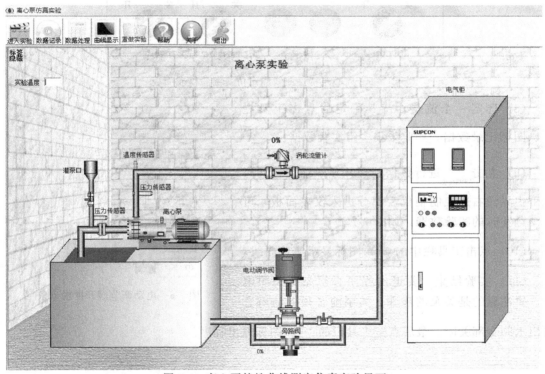

图7-4 离心泵特性曲线测定仿真实验界面

(2) 在"实验温度"方框内,填入实际将要进行实验的室温,该值对其后的模拟数据处理等均有影响,故可供实际状况下操作结果的对比。

(3) 点击工具栏 图标或输完实验温度后直接按回车进入实验。

(4) 首先在开泵前要对离心泵进行灌泵,以防止离心泵因气缚而打不上水。具体步骤是打开左边的灌泵阀,待水灌满后会提示灌泵步骤以完成。

(5) 灌泵后点击右边控制柜电源部分进入电源面板,如图7-5。

(6) 在确定出水阀门全关闭后方可打开总电源、水泵电源,接着打开电动阀电源和仪表电源。

(7) 电源打开后,将电动阀前的阀门打开,单击电动阀图标,出现滑动条来调节电动阀的开度,以此来调节管路流量,见图7-6,同样,流量也可通过电动阀下的旁路阀调节。

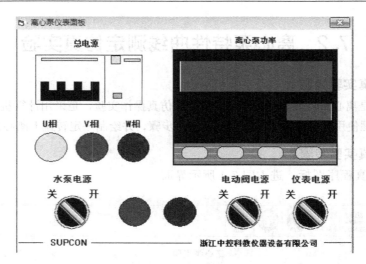

图 7-5　离心泵特性曲线测定仿真实验仪表面板

（8）选定一个流量，待其稳定后点击工具栏图标记录数据，如此采集多组实验数据。

（9）点击 进行数据处理并显示结果，同时点击主界面右边控制柜仪表部分进入仪表面板，可以浏览实时的实验数据，如图 7-7。

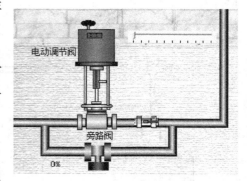

（10）点击工具栏中的 图标显示实验曲线。

（11）实验结束，要退出程序必须先要关闭电源，要注意的是关泵的步骤。关泵前必须保证所有的出水阀全部关闭。最后点击工具栏的 图标退出程序。

图 7-6　电动调节阀开度滑动条

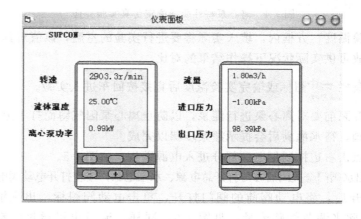

图 7-7　仪表面板实验数据

（12）以上仿真操作中，若有次序问题或误操作，系统会有警告或提示框出现，点击

"确定",并改正操作即可。

7.3 恒压过滤仿真实验

7.3.1 仿真实验内容

本仿真实验是过滤实验的配套仿真操作实验,是采用计算机模拟测定过滤常数 K、q_e、θ_e 及压缩性指数 s,从而验证过滤基本理论。

7.3.2 仿真实验步骤

(1) 双击仿真程序图标,进入图 7-8 所示界面。

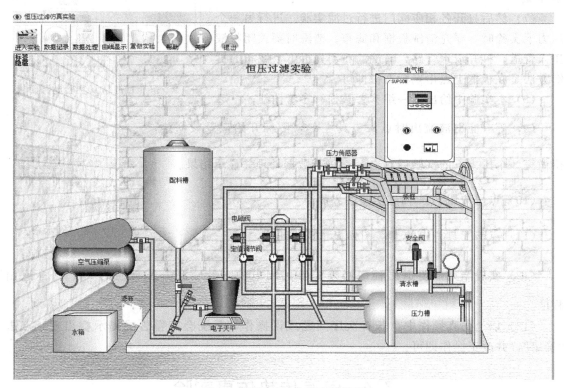

图 7-8 恒压过滤仿真实验界面

(2) 点击工具栏 图标进入实验。

(3) 首先打开"总电源"、"空压机"和"仪表"电源,具体步骤是先右键点击"电气柜"进入电源面板,左键点击面板关闭,见图 7-9。

(4) 接着打开气泵至配料槽一路管道,同时将别的管路关闭,将压缩空气通入配料槽,使 $CaCO_3$ 悬浮液搅拌均匀(点击标签 可以指示各阀门和测量执行机构的名称)。搅拌完毕后,关闭气泵至配料槽的阀门,在压力料槽排气阀打开的情况下,打开进料阀门,使料浆自动由配料桶流入压力料槽至其视镜 1/2~1/3 处,关闭进料阀门。

(5) 在空气泵打开的情况下,调节各定压阀的压力(左键点击"定压阀"图标出现

图 7-10 所示的定压阀，右键关闭）。具体的使用方法是：在旋柄处点击鼠标右键可以拔出或按回旋柄。拔出旋柄后点击旋柄上下部分可调节压力，调节好后记得要按回旋柄。

（6）接下来要安装滤板、滤框及滤布，各滤框可在水平方向拖动，滤布使用前用水浸湿，具体安装方法是：在滤布上按住鼠标左键拖到水箱浸湿，然后拖到滤框上待到出现向右箭头松开鼠标，这样就完成了滤布的安装。全部四块滤布安装完毕后，点击螺旋上部压紧。

（7）然后打开各相应阀门进行过滤实验。进行另一个压力下实验时，要先清洗板框和滤布。清洗时要关闭料液压入管道，打开清水管路，清洗滤布需先拆下，滤布的拆卸方法是在板框上点击鼠标右键即可。

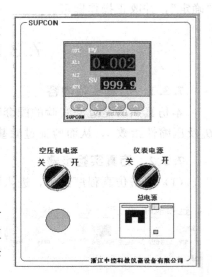

图 7-9　恒压过滤仿真实验电源面板

（8）本实验中给出了一组参考数据和参考曲线。

（9）等有滤出液流出时点击工具栏  图标开始记录数据。

待做完 3 个压力下的实验后点击  进行数据处理并显示结果。

图 7-10　定压阀示意

（10）点击按钮 回到实验主界面。

（11）点击工具栏中的 图标显示实验曲线。

（12）实验结束，要退出程序必须先要关闭电源，最后点击工具栏的 图标退出程序。

（13）以上仿真操作中，若有次序问题或误操作，系统会有警告或提示框出现，点击"确定"，并改正操作即可。

7.4　气汽传热仿真实验

7.4.1　仿真实验内容

本仿真实验是蒸气对空气间壁加热时传热系数测定实验的配套仿真操作实验，是采用计算机模拟改变空气的流量来测定传热系数，进一步得到计算流体对流传热系数的经验关联式，了解影响对流传热系数的因素，找到强化传热的途径。

7.4.2　仿真实验步骤

（1）双击仿真程序图标，进入图 7-11 所示界面。

（2）输入实验室温度回车或点击工具栏 图标进入实验。

（3）首先打开蒸气发生器电源加热蒸气，打开空气进口阀，同时保持旁路阀打开一定开度防止风机憋风，点击标签 标签指示 可以指示各阀门和测量执行机构的名称。打开孔板流量计的引压阀门，打开两个冷凝水排放阀和惰性气体排放阀（实验中应保持 V6 冷凝水排放阀和 V5 不凝性气体排放阀打开），待蒸气管路中的冷凝水排放完后关闭 V7 冷凝水排放阀。

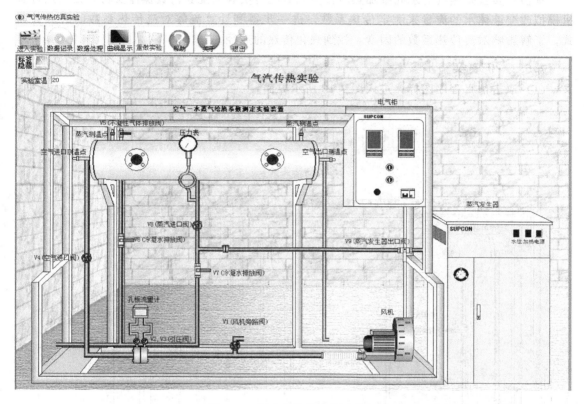

图 7-11 气汽传热仿真实验界面

（4）打开总电源和仪表电源，风机打到自动方式，接着打开蒸气发生器出口阀 V9 向装置通入蒸气，调节蒸气进口阀 V8 使进口蒸气压力维持在 0.1MPa 左右，接着调节风量，待状况稳定后点击工具栏 数据记录 图标记录实验数据。

（5）点击图标 可获得操作步骤提示。

（6）点击 数据处理 进行数据处理并显示结果。

（7）点击按钮 回到实验主界面。

（8）点击工具栏中的 曲线显示 图标显示实验曲线。

（9）实验结束，要退出程序必须先要关闭电源，最后点击工具栏的 退出 图标退出程序。

（10）以上仿真操作中，若有次序问题或误操作，系统会有警告或提示框出现，点击"确定"，并改正操作即可。

7.5 水汽传热仿真实验

7.5.1 仿真实验内容

本仿真实验是蒸气对水间壁加热时传热系数测定实验的配套仿真操作实验,是采用计算机模拟改变液体水的流量来测定传热系数,进一步得到计算流体对流传热系数的经验关联式,了解影响对流传热系数的因素,找到强化传热的途径。

7.5.2 仿真实验步骤

(1) 双击仿真程序图标,进入图 7-12 所示界面。

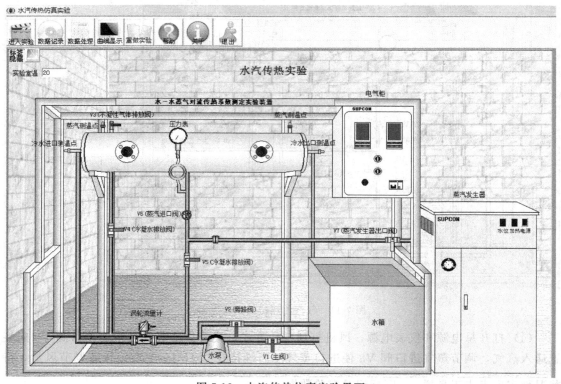

图 7-12 水汽传热仿真实验界面

(2) 输入实验室温度回车或点击工具栏 图标进入实验。

(3) 首先打开蒸气发生器电源加热蒸气,打开主阀 V1,点击标签 可以指示各阀门和测量执行机构的名称。打开两个冷凝水排放阀和惰性气体排放阀(实验中应保持 V4 冷凝水排放阀和 V3 不凝性气体排放阀打开),待蒸气管路中的冷凝水排放完后关闭 V5 冷凝水排放阀。

(4) 打开总电源和仪表电源,接着打开蒸气发生器出口阀 V7 向装置通入蒸气,调节蒸气进口阀 V6 使进口蒸气压力维持在 0.1MPa 左右,接着调节冷水流量,待状况稳定后点击工具栏 图标记录实验数据。

（5）点击图标 ![] 可获得操作步骤提示。

（6）点击 ![数据处理] 进行数据处理并显示结果。

（7）点击按钮 ![] 回到实验主界面。

（8）点击工具栏中的 ![曲线显示] 图标显示实验曲线。

（9）实验结束，要退出程序必须先要关闭电源，最后点击工具栏的 ![退出] 图标退出程序。

（10）以上仿真操作中，若有次序问题或误操作，系统会有警告或提示框出现，点击"确定"，并改正操作即可。

7.6 填料吸收塔吸收总传质系数的测定仿真实验

7.6.1 仿真实验内容

本仿真实验是填料吸收塔吸收总传质系数的测定实验的配套仿真操作实验，是采用计算机模拟来测定总体积传质系数等相关操作参数。

7.6.2 仿真实验步骤

（1）双击仿真程序图标，进入图 7-13 所示界面。

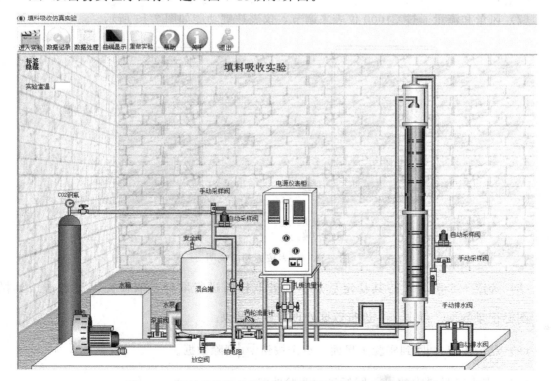

图 7-13　填料吸收塔吸收总传质系数的测定仿真实验界面

(2) 在"实验室温"方框内，填入实际将要进行实验的室温，该值对其后的模拟数据处理等均有影响，故可供实际状况下操作结果的对比。

(3) 点击工具栏 ![进入实验] 图标或输完实验温度后直接按回车进入实验。

(4) 首先要对填料进行浸润，以防止吸收得不均匀。具体步骤是先点击"控制柜"进入电源面板，如图 7-14 所示。

(5) 合上总电源，然后在确定泵前阀（点击标签指示可以指示各阀门和测量执行机构的名称）打开后方可打开水泵电源，接着打开仪表电源，调节水流量至某一值。

(6) 打开水泵一段时间（注意水泵不能开得太大以防止水倒灌入送气管道），待填料浸润后再打开风机，在启动风机前先要将混合罐底部的阀门打开，将冷凝水排走。然后调节 CO_2 钢瓶的闸阀的开度获得一恒定的流量，这样调节风机的风量就可以配制出具有不同含量的 CO_2 混合气体。注意开风机前要将混合罐出气阀打开。

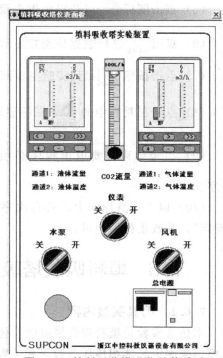

图 7-14 填料吸收塔吸收总传质系数的测定仿真实验电源面板

(7) 风量和流量通过 C1000 仪表来调节，仪表按键功能如图 7-15 所示。

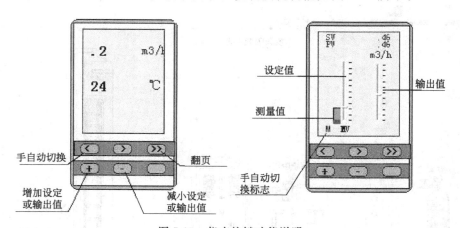

图 7-15 仪表按键功能说明

(8) 选定一个流量，待其稳定后点击两处取样阀进行取样，取样完以后点击工具栏 ![数据记录] 图标记录数据。点击 ![数据处理] 进行数据处理并显示结果。

(9) 点击按钮 回到实验主界面，点击按钮 删除数据。

(10) 点击工具栏中的 ![曲线显示] 图标显示实验曲线。

(11) 实验结束，要退出程序必须先要关闭电源，注意要先关水再关气以防止倒灌。最后点击工具栏的 图标退出程序。

(12) 以上仿真操作中，若有次序问题或误操作，系统会有警告或提示框出现，点击"确定"，并改正操作即可。

7.7 筛板精馏仿真实验

7.7.1 仿真实验内容

本仿真实验是筛板精馏实验的配套仿真操作实验，是采用计算机模拟来测定板式塔的全塔效率和单板效率等相关精馏塔参数。

7.7.2 仿真实验步骤

（1）双击仿真程序图标，进入图 7-16 所示界面。

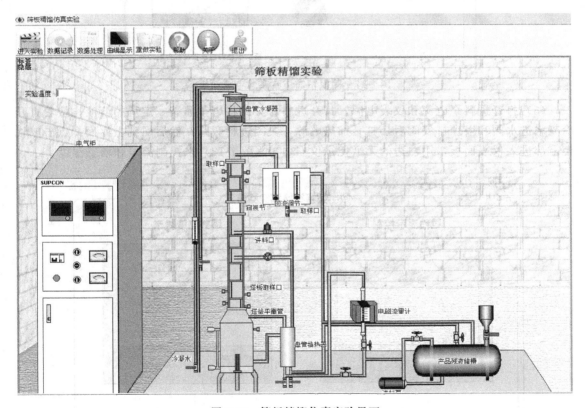

图 7-16 筛板精馏仿真实验界面

（2）在"实验温度"方框内，填入实际将要进行实验的室温，该值对其后的模拟数据处理等均有影响，故可供实际状况下操作结果的对比。

（3）点击工具栏 图标或输完实验温度后直接按回车进入实验。

（4）首先配制浓度 10%～20%（酒精的体积百分比）的料液加入釜中，至釜容积的 2/3 处。在仿真实验中我们假设已经配好溶液，就要将溶液由进料泵输送至釜中，具体步骤是先点击"电气柜"中间部分,进入电源面板(点击标签 标签指示 可以指示各阀门和测量执行机构的名称),如图 7-17。

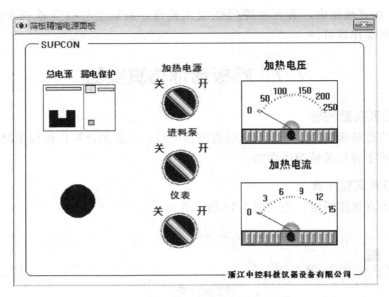

图 7-17　筛板精馏仿真实验电源面板

(5)打开进料泵电源和仪表电源,打开进料管旁路将塔釜灌满一定量的溶液,接着打开冷凝水进水阀和塔顶排气阀后,打开加热电源,关闭进料旁路,然后回到主界面,点击电气柜上部进入仪表面板,用左边的无纸记录仪 C3000(图 7-18)来控制流量和塔釜温度。

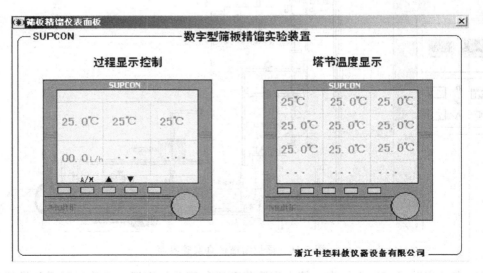

图 7-18　筛板精馏仿真实验记录仪 C3000

C3000 的具体用法如下:按一下圆形旋转按钮,在控制界面和显示界面之间切换,控制界面见图 7-19。

旋转按钮可选择不同的控制回路,点击"A/M"进行手自动切换,点击"▲"、"▼"进行设定值的增减。一般根据物料的浓度设定一定的温度,温度太低产生的蒸气太少会产生塔板漏液的现象，温度太高则会液泛。进料流量的大小根据塔顶馏出液的大小设定，应保持输入和产出的乙醇量相等。

实验的回流比由两个转子流量计（图 7-20）进行调节，进行全回流实验时要将进料泵关闭。

点击 ![回流调节] 中的流量计出现图 7-20 所示流量计，按住旋钮两侧可改变流量计开度，以此来调节回流比。

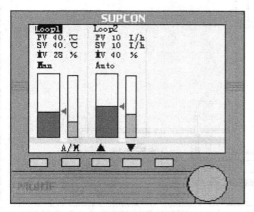
图 7-19　C3000 控制界面

图 7-20　流量计

（6）待温度和流量稳定后进行取样，包括塔顶、塔釜、进料液以及两块板上下气相和液相的取样，完成后点击工具栏 ![数据记录] 图标记录数据。点击 ![数据处理] 进行数据处理。

（7）点击按钮 ↩ 回到实验主界面。

（8）点击工具栏中的 ![曲线显示] 图标显示实验曲线。

（9）实验结束，要退出程序必须先要关闭电源。然后点击工具栏的 ![退出] 图标退出程序。

（10）以上仿真操作中，若有次序问题或误操作，系统会有警告或提示框出现，点击"确定"，并改正操作即可。

7.8　填料精馏仿真实验

7.8.1　仿真实验内容

本仿真实验是填料精馏实验的配套仿真操作实验，是采用计算机模拟来测定填料塔的全塔效率。

7.8.2　仿真实验步骤

（1）双击仿真程序图标，进入图 7-21 所示界面。

（2）在"实验温度"方框内，填入实际将要进行实验的室温。

（3）点击工具栏 ![进入实验] 图标或输完实验温度后直接按回车进入实验。

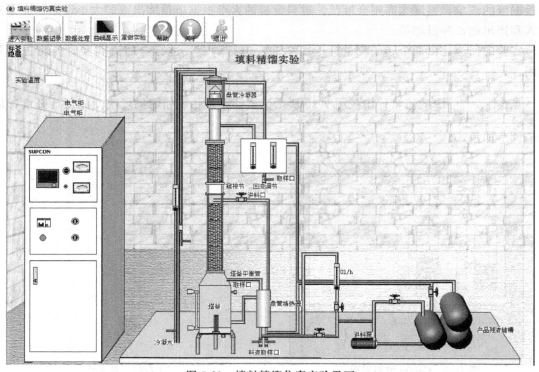

图 7-21 填料精馏仿真实验界面

(4) 首先配制浓度 10%～20%（酒精的体积百分比）的料液加入釜中，至釜容积的 2/3 处。在仿真实验中我们假设已经配好溶液，就要将溶液由进料泵输送至釜中，具体步骤是先点击"电气柜"中间部分，进入电源面板（点击标签 **标签指示** 可以指示各阀门和测量执行机构的名称），如图 7-22。

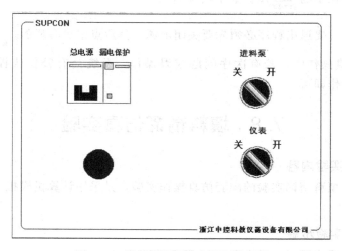

图 7-22 填料精馏仿真实验电源面板

(5) 打开进料泵电源和仪表电源，打开进料管旁路将塔釜灌满一定量的溶液，接着打开冷凝水进水阀和塔顶排气阀后，打开加热电源，关闭进料旁路，然后回到主界面，用温度调节旋钮来控制塔釜温度，见图 7-23。

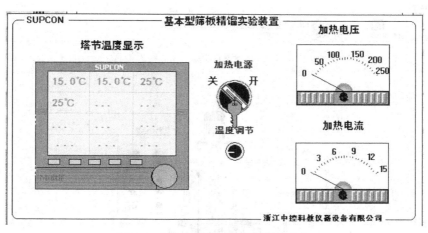

图 7-23　填料精馏仿真实验仪表面板

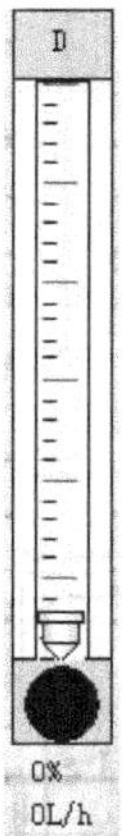

一般根据物料的浓度设定一定的温度，温度太低产生的蒸气太少会产生塔板漏液的现象，温度太高则会液泛。进料流量的大小根据塔顶馏出液的大小设定，应保持输入和产出的乙醇量相等（我们这里用的是 20% 的酒精，所以进料流量应为塔顶馏出液流量的 5 倍左右）。

实验的回流比由两个转子流量计（图 7-24）进行调节，进行全回流实验时要将进料泵关闭。

点击 [图] 中的流量计出现图 7-24 所示流量计，按住旋钮两侧可改变流量计开度，以此来调节回流比。

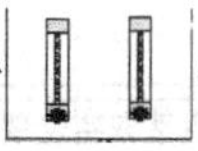

图 7-24 流量计

（6）待温度和流量稳定后进行取样，包括塔釜、进料液以及塔顶（回流处）的取样，完成后点击工具栏 [数据记录] 图标记录数据。点击 [数据处理] 进行数据处理。

（7）点击按钮 [↵] 回到实验主界面。

（8）点击工具栏中的 [曲线显示] 图标显示实验曲线。

（9）实验结束，要退出程序必须先要关闭电源。然后点击工具栏的 [退出] 图标退出程序。

（10）以上仿真操作中，若有次序问题或误操作，系统会有警告或提示框出现，点击"确定"，并改正操作即可。

7.9　转盘萃取仿真实验

7.9.1　仿真实验内容

本仿真实验是转盘萃取实验的配套仿真操作实验，是采用计算机模拟来测定萃取过程的传质单元数 N_{OR}、传质单元高度 H_{OR} 和萃取率 η。

7.9.2　仿真实验步骤

（1）双击仿真程序图标，进入图 7-25 所示界面。

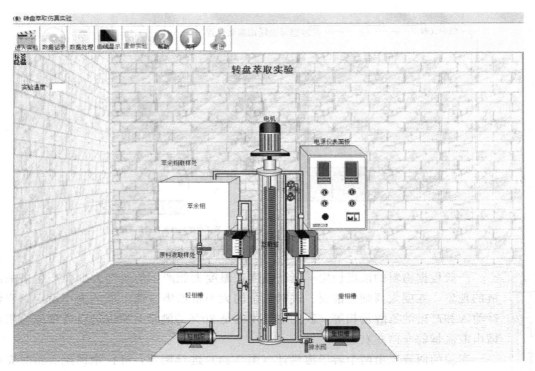

图 7-25 转盘萃取仿真实验界面

（2）在"实验温度"方框内，填入实际将要进行实验的室温，该值对其后的模拟数据处理等均有影响，故可供实际状况下操作结果的对比。

（3）点击工具栏 图标或输完实验温度后直接按回车进入实验。

（4）首先将萃取塔灌入一定量的水，然后启动电机搅拌一段时间。具体步骤是先点击"控制柜"进入电源面板（点击标签 可以指示各阀门和测量执行机构的名称），见图 7-26。

（5）打开重相泵电源和仪表电源，待主界面中的萃取塔液面差不多高时，启动电机调节好其转速，电机的转速通过 C1000 仪表来调节，仪表按键功能如图 7-27 所示。

（6）选定一个转速，开启分散相——煤油管路，调节两相的体积流量一般在 20～40L/h 范围内，根据实验要求将两相的质量流量比调为 1：1，待分散相在塔顶凝聚一定厚度的液层后，再通过连续相出口管路中Π形管上的阀门开度来调节两相界面高度，操作中应维持上集液板中两相界

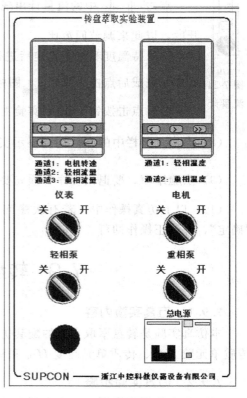

图 7-26 转盘萃取仿真实验电源面板

面的恒定。通过改变转速来分别测取效率 η 或 H_{OR}，然后点击两处取样处（在轻相槽和萃余相槽的上方鼠标移上去有笔的图标显示）进行取样，取样完以后点击工具栏 [数据记录] 图标记录数据。点击 [数据处理] 进行数据处理并显示结果。

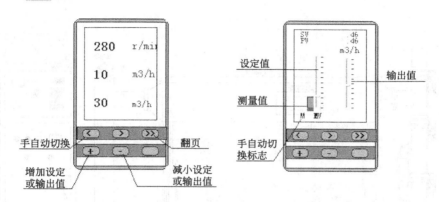

图 7-27　转盘萃取仿真实验 C1000 仪表按键功能

（7）点击按钮 回到实验主界面，点击按钮 删除数据。

（8）点击工具栏中的 [曲线显示] 图标显示实验曲线。

（9）实验结束，要退出程序必须先要关闭电源，正确的关闭步骤是先关闭电机和轻相泵，然后关闭Ⅱ型阀将顶部煤油压出萃取塔，接着关闭重相泵并打开底部排空阀将水排干，关闭电源。最后点击工具栏的 [退出] 图标退出程序。

（10）以上仿真操作中，若有次序问题或误操作，系统会有警告或提示框出现，点击"确定"，并改正操作即可。

7.10　洞道干燥仿真实验

7.10.1　仿真实验内容

本仿真实验是干燥特性曲线测定实验的配套仿真操作实验，是采用计算机模拟来测定物料在恒定干燥条件下的干燥特性曲线，进一步求取干燥速率曲线以及恒速阶段干燥速率、临界含水量、平衡含水量。

7.10.2　仿真实验步骤

（1）双击仿真程序图标，进入图 7-28 所示界面。

（2）点击工具栏 [进入实验] 图标进入实验。

（3）首先打开"风机"和"仪表"电源具体步骤是先右键点击"电气柜"电源部分进入电源面板，（点击标签 [标签指示] 可以指示各阀门和测量执行机构的名称）。右键点击面板关闭，如图 7-29。

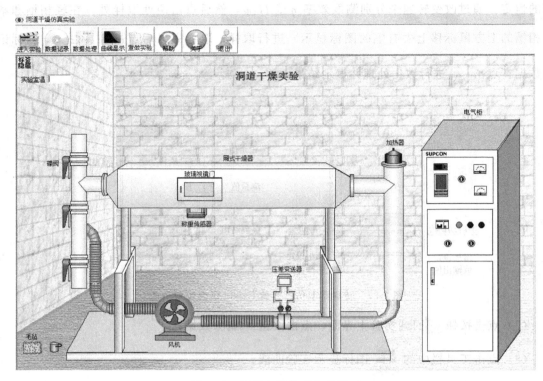

图 7-28 洞道干燥仿真实验界面

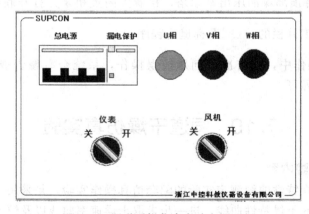

图 7-29 洞道干燥仿真实验电源面板

(4) 接着点击电气柜上部分打开加热电源，见图 7-30。

(5) 按照实验要求将干燥箱内的干球温度加热到 70℃ 左右，温度由 C1000 来控制，C1000 的用法见图 7-31。

注意：必须将差压变送器的两路引压阀门打开，否则会采不上流量值。

(6) 当温度稳定在 70℃ 左右时，先点住水桶将水桶拖到毛毡上将毛毡浸湿，然后打开玻璃视镜门，将浸湿的毛毡用鼠标拖到托盘上（实际做实验时千万不要用力压托盘，以免损坏称重传感器）。然后关闭玻璃视镜门，点击工具栏 图标开始自动记录数据。

7 仿真实验部分

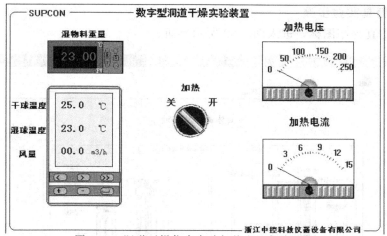

图 7-30　洞道干燥仿真实验加热电源仪表面板

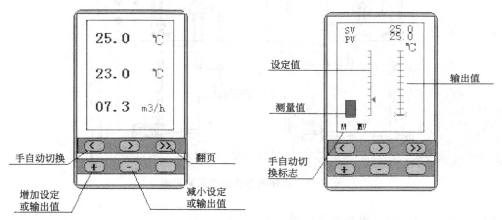

图 7-31　洞道干燥仿真实验 C1000 的用法示意

（7）待毛毡重量稳定后点击 进行数据处理并显示结果。

（8）点击按钮 回到实验主界面。

（9）点击工具栏中的 图标显示实验曲线。

（10）实验结束，要退出程序必须先要将加热电源关闭，将毛毡取下后待温度降到差不多时关闭风机电源和仪表电源，最后关闭总电源，然后点击工具栏的 图标退出程序。

（11）以上仿真操作中，若有次序问题或误操作，系统会有警告或提示框出现，点击"确定"，并改正操作即可。

7.11　固体流态化仿真实验

7.11.1　仿真实验内容

本仿真实验是固体流态化实验的配套仿真操作实验，是采用计算机模拟测定临界流化速度、作出流化曲线图。

7.11.2 仿真实验步骤

(1) 双击仿真程序图标，进入图 7-32 所示界面。

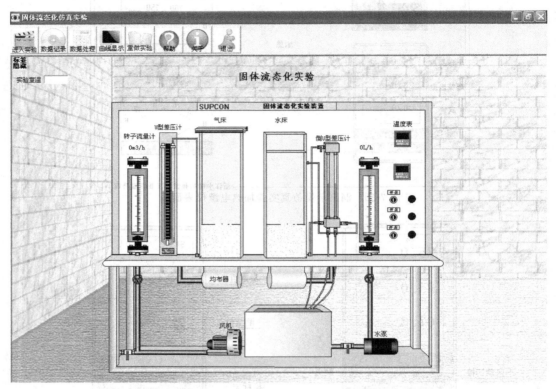

图 7-32　固体流态化仿真实验界面

(2) 点击工具栏 ![进入实验] 图标进入实验。

(3) 首先打开仪表电源。

(4) 启动风机或泵，由小到大改变进气量，点击工具栏 ![数据记录] 图标记录压差计和流量计读数变化。观察床层高度变化及临界流化状态时的现象。

(5) 由大到小改变气（或液）量，重复步骤 4。

(6) 点击标签 ![标签指示] 可以指示各阀门和测量执行机构的名称。

(7) 本实验中给出了一组参考数据和参考曲线。

(8) 点击 ![数据处理] 进行数据处理并显示结果。

(9) 点击按钮 ![返回] 回到实验主界面。

(10) 点击工具栏中的 ![曲线显示] 图标显示实验曲线。

(11) 实验结束，要退出程序必须先要关闭电源，最后点击工具栏的 ![退出] 图标退出程序。

(12) 以上仿真操作中，若有次序问题或误操作，系统会有警告或提示框出现，点击"确定"，并改正操作即可。

8 化工原理实验常用数据表

化工原理实验常以水、空气等流体进行冷模实验,为方便实验数据的处理,这里摘录了部分常用数据以供参考。

8.1 水的物理性质

水的物理性质见表 8-1。水的密度见表 8-2。

表 8-1 水的物理性质

温度 $t/℃$	蒸气压 /kPa	密度 $\rho/(kg/m^3)$	定压比热容 c_p /[kJ/(kg·℃)]	导热系数 λ /[W/(m·℃)]	黏度 $\mu/mPa·s$	普朗特数 Pr
0	0.61	999.9	4.212	0.551	1.789	13.7
10	1.23	999.7	4.191	0.575	1.305	9.52
20	2.33	998.2	4.183	0.599	1.005	7.01
30	4.25	995.7	4.174	0.618	0.801	5.42
40	7.37	992.2	4.174	0.634	0.653	4.30
50	12.3	988.1	4.174	0.648	0.549	3.54
60	19.9	983.2	4.178	0.659	0.470	2.98
70	31.2	977.8	4.187	0.668	0.406	2.53
80	47.4	971.8	4.195	0.675	0.355	2.21
90	70.1	965.3	4.208	0.680	0.315	1.95
100	101.3	958.4	4.220	0.683	0.283	1.75
110	143.3	951.0	4.233	0.685	0.259	1.60
120	198.6	943.1	4.250	0.686	0.237	1.47
130	270.2	934.8	4.266	0.686	0.218	1.35
140	361.4	926.1	4.287	0.685	0.201	1.26

表 8-2 水的密度

温度 $t/℃$	密度 $\rho/(kg/m^3)$	温度 $t/℃$	密度 $\rho/(kg/m^3)$	温度 $t/℃$	密度 $\rho/(kg/m^3)$
1	0.99992	11	0.99963	21	0.99801
2	0.99997	12	0.99953	22	0.99779
3	1.00000	13	0.99941	23	0.99757
4	1.00000	14	0.99928	24	0.99733
5	0.99999	15	0.99913	25	0.99707
6	0.99995	16	0.99898	26	0.99680
7	0.99991	17	0.99881	27	0.99653
8	0.99986	18	0.99862	28	0.99626
9	0.99980	19	0.99843	29	0.99596
10	0.99973	20	0.99823	30	0.99567

8.2 空气的物理性质

见表 8-3。

表 8-3 101.3kPa 时干空气的物理性质

温度 $t/℃$	密度 $\rho/(kg/m^3)$	定压比热容 $c_p/[kJ/(kg·℃)]$	热导率 $\lambda×10^2/[W/(m·℃)]$	黏度 $\mu×10^5/Pa·s$	普朗特数 Pr
-10	1.342	1.009	2.36	1.67	0.714
0	1.293	1.005	2.44	1.72	0.708
10	1.247	1.005	2.51	1.77	0.708
20	1.205	1.005	2.59	1.81	0.686
30	1.165	1.005	2.67	1.86	0.701
40	1.128	1.005	2.76	1.91	0.696
50	1.093	1.005	2.83	1.96	0.697
60	1.060	1.005	2.90	2.01	0.698

8.3 饱和水蒸气的性质

见表 8-4、表 8-5。

表 8-4 饱和水蒸气的物理性质（按温度排列）

温度 /℃	绝对压力 /kPa	蒸气密度 /(kg/m³)	比焓/(kJ/kg) 液体	比焓/(kJ/kg) 蒸气	比汽化焓 /(kJ/kg)
90	70.136	0.4229	371.81	2659.9	2283.1
95	84.556	0.5039	397.75	2668.7	2270.9
100	101.33	0.5970	418.68	2677.0	2258.4
105	120.85	0.7036	440.23	2685.0	2245.4
110	143.31	0.8254	460.97	2693.4	2232.0
115	169.11	0.9635	482.32	2701.3	2219.0
120	198.64	1.1199	503.67	2708.9	2205.2
125	232.19	1.296	525.02	2716.4	2191.3
130	270.25	1.494	546.38	2723.9	2177.6
135	313.11	1.715	567.73	2731.0	2163.3
140	361.47	1.962	589.58	2737.7	2148.7
145	415.72	2.238	610.85	2744.4	2134.0
150	476.24	2.543	632.21	2750.7	2118.5

表 8-5 饱和水蒸气的物理性质（按压力排列）

绝对压力 /kPa	温度 /℃	蒸气密度 /(kg/m³)	比焓/(kJ/kg) 液体	比焓/(kJ/kg) 蒸气	比汽化焓 /(kJ/kg)
60.0	85.6	0.3651	358.20	2652.1	2293.9
70.0	89.9	0.4223	376.61	2659.8	2283.2
80.0	93.2	0.4781	390.08	2665.3	2275.3
90.0	96.4	0.5338	403.49	2670.8	2267.4
100.0	99.6	0.5896	416.90	2676.3	2259.5
120.0	104.5	0.6987	437.51	2684.3	2246.8
140.0	109.2	0.8076	457.67	2692.1	2234.4
160.0	113.0	0.8298	473.88	2698.1	2224.2

8.4 乙醇-水溶液的相关性质

见表 8-6～表 8-9。

表 8-6　101.325kPa 时乙醇-水溶液的平衡数据

液体组成		沸腾温度/℃	蒸气组成		液体组成		沸腾温度/℃	蒸气组成	
液体乙醇/%(质量)	液体乙醇/%(摩尔)		乙醇蒸气/%(质量)	乙醇蒸气/%(摩尔)	液体乙醇/%(质量)	液体乙醇/%(摩尔)		乙醇蒸气/%(质量)	乙醇蒸气/%(摩尔)
0.01	0.004	99.9	0.13	0.053	44.00	23.51	82.5	75.6	54.80
0.10	0.04	99.8	1.3	0.51	45.00	24.25	82.45	75.9	55.22
0.15	0.055	99.7	1.95	0.77	46.00	25.00	82.35	76.1	55.48
0.20	0.08	99.6	2.6	1.03	47.00	25.75	82.3	76.3	55.74
0.30	0.12	99.5	3.8	1.57	48.00	26.53	82.15	76.5	56.03
0.40	0.16	99.4	4.9	1.98	49.00	27.32	82.0	76.8	56.44
0.50	0.19	99.3	6.1	2.48	50.00	28.12	81.9	77.0	56.71
0.60	0.23	99.2	7.1	2.90	51.00	28.93	81.8	77.3	57.12
0.70	0.27	99.1	8.1	3.33	52.00	29.80	81.7	77.5	57.41
0.80	0.31	99.0	9.0	3.725	53.00	30.61	81.6	77.7	57.70
0.90	0.35	98.9	9.9	4.12	54.00	31.47	81.5	78.0	58.11
1.00	0.39	98.75	10.1	4.20	55.00	32.34	81.4	78.2	58.39
2.00	0.79	97.65	19.7	8.76	56.00	33.24	81.3	78.5	58.78
3.00	1.19	96.65	27.2	12.75	57.00	34.16	81.25	78.7	59.10
4.00	1.61	95.8	33.3	16.34	58.00	35.09	81.2	79.0	59.55
5.00	2.01	94.95	37.0	18.68	59.00	36.02	81.1	79.2	59.84
6.00	2.43	94.15	41.1	21.45	60.00	36.98	81.0	79.5	60.29
7.00	2.86	93.35	44.6	23.96	61.00	37.97	80.95	79.7	60.58
8.00	3.29	92.6	47.6	26.21	62.00	38.95	80.85	80.0	61.02
9.00	3.73	91.9	50.0	28.12	63.00	40.00	80.75	80.3	61.44
10.00	4.16	91.3	52.2	29.92	64.00	41.02	80.66	80.5	61.61
11.00	4.61	90.8	54.1	31.56	65.00	42.09	80.6	80.8	62.22
12.00	5.07	90.5	55.8	33.06	66.00	43.17	80.5	81.0	62.52
13.00	5.51	89.7	57.4	34.51	67.00	44.27	80.45	81.3	62.99
14.00	5.98	89.2	58.8	35.83	68.00	45.41	80.4	81.6	63.43
15.00	6.46	89.0	60.0	36.93	69.00	46.55	80.3	81.9	63.91
16.00	6.86	88.0	61.1	38.06	70.00	47.74	80.2	82.1	64.21
17.00	7.41	87.9	62.2	39.16	71.00	48.92	80.1	82.4	64.70
18.00	7.95	87.7	63.2	40.18	72.00	50.16	80.0	82.8	65.43
19.00	8.41	87.7	63.2	41.27	73.00	51.39	79.95	83.1	65.81
20.00	8.92	87.0	65.0	42.09	74.00	52.68	79.85	83.4	66.28
21.00	9.42	86.7	65.8	43.94	75.00	54.00	79.75	93.8	66.92
22.00	9.93	86.4	66.6	43.82	76.00	55.34	79.72	84.1	67.42
23.00	10.48	86.2	67.3	44.61	77.00	56.71	79.7	84.4	68.07
24.00	11.00	85.95	68.0	45.41	78.00	58.11	79.65	84.5	68.76
25.00	11.53	85.7	68.6	46.08	79.00	59.55	79.55	84.9	69.59
26.00	12.08	85.4	69.3	46.90	80.00	61.02	79.5	85.8	70.29
27.00	12.04	85.2	69.8	47.49	81.00	62.52	79.4	86.0	70.63
28.00	13.19	85.0	70.3	48.08	82.00	64.05	79.3	86.7	71.86
29.00	13.77	84.8	70.8	48.68	83.00	65.64	79.2	87.2	72.71
30.00	14.36	84.7	71.3	49.30	84.00	67.27	79.1	87.7	73.61
31.00	14.95	84.5	71.7	49.77	85.00	68.92	78.95	88.3	74.69
32.00	15.55	84.3	72.1	50.27	86.00	70.63	78.85	88.9	75.82
33.00	16.15	84.2	72.5	50.78	87.00	72.63	78.75	89.5	76.93
34.00	16.77	83.85	72.9	51.27	88.00	74.15	78.65	90.1	78.00
35.00	17.41	83.75	73.2	51.67	89.00	75.99	78.6	90.7	79.26
36.00	18.03	83.7	73.5	52.04	90.00	77.88	78.5	91.3	80.42
37.00	18.68	83.5	73.8	52.43	91.00	79.82	78.4	92.0	81.83
38.00	19.34	83.4	74.0	52.68	92.00	81.83	78.3	92.7	83.26
39.00	20.00	83.3	74.3	53.09	93.00	83.87	78.27	93.5	84.91
40.00	20.68	83.1	74.6	53.46	94.00	85.97	78.2	94.2	86.40
41.00	21.38	82.95	74.8	53.76	95.00	88.18	78.17	95.05	88.18
42.00	22.07	82.78	75.1	54.12	95.57	89.41	78.15	95.57	89.41
43.00	22.78	82.65	75.4	54.54					

表 8-7　101.325kPa 时以及在冷凝温度时乙醇-水溶液蒸气的热含量

蒸气中乙醇的含量/%	冷凝温度 $t/℃$	定压比热容 c_p /[kcal/(kg·℃)]	液体焓 /(kcal/kg)	混合物汽化热 r/(kcal/kg)	蒸气焓 /(kcal/kg)
0	100.0	1.1	100.0	539	639.0
5	99.4	1.02	101.4	522	623.4
10	98.4	1.03	101.8	505	606.8
15	98.2	1.03	101.1	488	589.1
20	97.6	1.03	100.5	471	571.5
25	97.0	1.035	100.4	454.5	554.9
30	96.0	1.04	99.8	438	537.5
35	95.3	1.02	97.2	421	518.2
40	94.0	1.01	94.9	404	498.5
45	93.2	0.98	91.3	388	479.3
50	91.9	0.96	88.2	371	459.2
55	90.6	0.94	85.2	354.5	439.7
60	89.0	0.92	81.9	388	419.9
65	87.0	0.89	77.1	321.5	398.6
70	85.1	0.86	73.2	305	378.2
75	82.8	0.82	67.9	289	356.9
80	80.8	0.77	62.1	273	335.1
85	79.6	0.75	59.7	256	315.7
90	78.7	0.72	56.7	238	294.7
95	78.2	0.68	53.2	221	274.2
100	78.3	0.64	50.1	204	254.1

表 8-8　20℃ 时乙醇-水溶液的容积百分数、质量百分数和相对密度对照表

容积/%	质量/%	相对密度	容积/%	质量/%	相对密度	容积/%	质量/%	相对密度
0	0.00	0.99823	34	28.04	0.95704	68	60.27	0.89044
1	0.79	0.99675	35	28.91	0.95536	69	61.33	0.88799
2	1.59	0.99529	36	29.78	0.95419	70	62.39	0.88551
3	2.38	0.99385	37	30.65	0.95271	71	63.46	0.88302
4	3.18	0.99244	38	31.53	0.95119	72	64.54	0.88051
5	3.98	0.99106	39	32.41	0.94964	73	65.63	0.87796
6	4.78	0.98947	40	33.30	0.94806	74	66.72	0.97538
7	5.59	0.98845	41	34.19	0.94644	75	67.83	0.87277
8	6.40	0.98719	42	35.09	0.94479	76	68.94	0.87515
9	7.20	0.98596	43	35.99	0.94308	77	70.06	0.86749
10	8.01	0.98476	44	36.89	0.94134	78	71.19	0.86480
11	8.83	0.98356	45	37.80	0.93956	79	72.33	0.86207
12	9.64	0.98239	46	38.72	0.93775	80	73.48	0.85932
13	10.46	0.98123	47	39.69	0.93591	81	74.64	0.95652
14	11.27	0.98009	48	40.56	0.93404	82	75.81	0.85369
15	12.09	0.97897	49	41.49	0.93213	83	77.00	0.85082
16	12.91	0.97786	50	42.43	0.93019	84	78.19	0.84797
17	13.74	0.97678	51	43.37	0.92822	85	79.40	0.84495
18	14.56	0.97570	52	44.31	0.92621	86	80.62	0.84193
19	15.39	0.97465	53	45.26	0.92418	87	81.86	0.83888
20	16.21	0.97360	54	46.22	0.92212	88	83.11	0.83574
21	17.04	0.97253	55	47.18	0.92003	89	84.38	0.83254
22	17.88	0.97145	56	48.15	0.91790	90	85.66	0.82926
23	18.71	0.97036	57	49.13	0.91576	91	86.97	0.82590
24	19.54	0.96925	58	50.11	0.91358	92	88.29	0.82247
25	20.38	0.96812	59	52.10	0.91138	93	89.63	0.81893
26	21.22	0.96698	60	52.09	0.90916	94	91.09	0.81526
27	22.06	0.96583	61	53.09	0.90691	95	92.41	0.81144
28	22.91	0.96466	62	54.09	0.90462	96	93.84	0.80743
29	23.76	0.96340	63	55.11	0.90231	97	95.30	0.80334
30	24.61	0.96224	64	56.13	0.89999	98	96.81	0.79897
31	25.46	0.96100	65	57.15	0.89764	99	98.38	0.74931
32	26.32	0.95972	66	58.19	0.89526	100	100	0.798927
33	27.18	0.9583	67	59.23	0.89286			

表 8-9 不同温度下乙醇-水溶液的质量百分数和相对密度对照表

质量百分数/%	10℃	15℃	20℃	25℃	30℃	35℃	40℃
0	0.99973	0.99913	0.99823	0.99708	0.99568	0.99406	0.99225
1	785	725	635	520	379	217	034
2	602	542	453	336	194	031	846
3	426	365	275	157	014	0.98849	663
4	258	195	103	0.98984	0.98839	627	485
5	098	032	0.98938	817	670	501	311
6	0.98946	0.98877	708	656	507	335	142
7	801	729	627	500	347	172	0.97975
8	660	584	478	346	189	009	808
9	524	442	331	193	031	0.97846	641
10	393	304	187	043	0.97875	685	475
11	267	171	047	0.97897	723	573	312
12	145	041	0.97910	753	573	371	150
13	026	0.97914	775	611	424	216	0.96969
14	0.97911	790	643	427	278	063	629
15	800	669	514	334	133	0.96911	670
16	692	552	387	199	0.96990	760	512
17	583	433	259	062	844	607	352
18	473	313	129	0.96997	697	452	189
19	363	191	0.96997	782	547	294	023
20	252	068	864	639	395	134	0.95856
21	139	0.96944	729	495	242	0.95973	687
22	024	818	592	348	087	809	516
23	0.96907	689	453	199	0.95929	634	343
24	787	558	312	048	769	476	168
25	665	424	168	0.95895	607	306	0.94991
26	539	287	020	738	442	133	810
27	406	144	0.95867	576	272	0.94955	625
28	268	0.95996	710	410	098	774	438
29	125	844	548	241	0.94922	590	248
30	0.95977	686	382	067	741	403	055
31	823	524	212	0.94890	557	214	0.93860
32	665	357	038	709	370	021	662
33	502	136	0.94860	525	180	0.93825	461
34	334	011	679	337	0.93986	626	257
35	162	0.94832	494	146	790	425	051
36	0.94986	650	306	0.93952	591	221	0.92843
37	805	464	114	756	390	016	634
38	620	273	0.93919	556	186	0.92808	422
39	431	079	720	353	0.92979	597	208
40	238	0.93882	518	148	770	385	0.91992
41	042	682	314	0.92940	558	170	774

续表

质量百分数/%	10℃	15℃	20℃	25℃	30℃	35℃	40℃
42	0.93842	0.93478	0.93107	0.92729	0.92344	0.91952	0.91554
43	639	271	0.92897	516	128	733	332
44	435	062	685	301	0.91910	513	106
45	226	0.92852	472	085	692	291	0.90884
46	017	640	257	0.91868	472	069	660
47	0.92806	426	041	649	250	0.90845	434
48	593	211	0.91823	0.91429	0.90580	168	519
49	379	0.91995	604	208	805	396	0.89979
50	126	776	0.91348	0.90985	580	168	750
51	0.91943	555	160	760	353	0.89940	519
52	723	333	0.90936	534	125	710	288
53	502	110	711	307	0.89896	479	056
54	279	0.90885	485	079	667	248	0.88823
55	055	659	258	0.89850	437	016	589
56	0.90831	433	031	621	206	0.88784	356
57	607	207	0.89803	392	0.88975	552	122
58	381	0.89980	574	162	744	319	0.87888
59	154	752	344	0.88931	512	085	653
60	0.89927	523	113	699	278	0.87851	417
61	698	293	0.88882	446	044	615	180
62	468	062	650	233	0.87809	379	0.86943
63	237	0.88830	417	0.87998	574	142	705
64	086	597	183	763	337	0.86905	466
65	0.88774	364	0.87948	527	100	667	227
66	541	130	713	291	0.86863	429	0.85987
67	424	0.87895	477	054	625	190	678
68	674	660	241	0.86817	387	0.85950	407
69	0.87839	424	004	579	148	710	266
70	602	167	0.86766	340	0.85908	470	025
71	365	0.86949	527	100	667	228	0.84783
72	127	710	287	0.85859	426	0.84986	540
73	0.86888	470	047	618	184	734	297
74	648	229	0.85806	376	0.84941	500	053
75	408	0.85988	564	134	698	257	0.83809
76	168	747	322	0.84891	455	013	564
77	0.85927	505	079	647	211	0.83768	319
78	685	262	0.84835	403	0.83966	523	074
79	442	018	590	158	720	277	0.82827
80	197	0.84772	344	0.83911	473	029	578
81	0.84950	525	096	664	224	0.82780	329
82	702	277	0.83848	415	0.82974	530	079
83	453	028	599	164	724	279	0.81828
84	203	0.83777	348	0.82913	473	027	576

续表

质量百分数/%	10℃	15℃	20℃	25℃	30℃	35℃	40℃
85	0.83951	0.83525	0.83095	0.82660	0.82220	0.81774	0.81322
86	697	271	0.82840	405	0.81965	519	067
87	441	014	583	148	708	262	0.80811
88	181	0.82754	323	0.81888	448	003	352
89	0.82919	492	062	626	186	0.80922	291
90	654	227	0.81797	362	0.80922	478	028
91	386	0.81797	529	094	655	211	0.79761
92	114	688	257	0.80823	384	0.79941	491
93	0.81839	413	0.80983	549	111	669	220
94	561	134	705	272	0.79835	393	0.78947
95	278	0.80852	424	0.79991	555	114	670
96	0.80991	566	138	706	271	0.78831	388
97	698	274	0.79846	415	0.78981	542	100
98	399	0.79975	547	117	684	247	0.77806
99	094	670	243	0.78814	382	0.77946	507
100	0.79784	360	0.78934	506	075	641	203

注：考虑简洁明了，表中参数表达有所省略。例如，第 2 列第一个数据是 0.99973，第二个应是 0.99785，但只给出了数据的不同部分 785。全表余同。

参 考 文 献

[1] 陈寅生. 化工原理实验及仿真. 上海：东华大学出版社，2005.
[2] 史贤林等. 化工原理实验. 上海：华东理工大学出版社，2005.
[3] 赵俊廷. 化工原理实验. 郑州：河南科学技术出版社，2011.
[4] 马江权等. 化工原理实验. 上海：华东理工大学出版社，2008.
[5] 林华盛. 化工原理实验. 北京：化学工业出版社，2011.
[6] 宋长生. 化工原理实验. 第 2 版. 南京：南京大学出版社，2010.
[7] 夏清等. 化工原理（上、下册）. 天津：天津大学出版社，2005.